Mahjoub Jabli
Nouha Sebeia

Exploração dos recursos naturais

Mahjoub Jabli
Nouha Sebeia

Exploração dos recursos naturais

Tingimento, branqueamento e nanotecnologias

ScienciaScripts

Imprint
Any brand names and product names mentioned in this book are subject to trademark, brand or patent protection and are trademarks or registered trademarks of their respective holders. The use of brand names, product names, common names, trade names, product descriptions etc. even without a particular marking in this work is in no way to be construed to mean that such names may be regarded as unrestricted in respect of trademark and brand protection legislation and could thus be used by anyone.

Cover image: www.ingimage.com

This book is a translation from the original published under ISBN 978-620-6-70614-4.

Publisher:
Sciencia Scripts
is a trademark of
Dodo Books Indian Ocean Ltd. and OmniScriptum S.R.L publishing group

120 High Road, East Finchley, London, N2 9ED, United Kingdom
Str. Armeneasca 28/1, office 1, Chisinau MD-2012, Republic of Moldova, Europe
Printed at: see last page
ISBN: 978-620-7-70683-9

Conteúdo

INTRODUÇÃO GERAL

Introdução geral

O tratamento de materiais têxteis envolve geralmente o pré-tratamento, o tingimento, a impressão e o acabamento. Todas estas fases consomem vários produtos químicos e grandes quantidades de água e energia, e produzem um grande volume de águas residuais contendo produtos químicos indesejáveis. No domínio do tingimento, foram envidados esforços para melhorar os processos de tingimento através de novas modificações da superfície têxtil ou para substituir o processo de tingimento tradicional por novos métodos respeitadores do ambiente. A aplicação de matérias-primas naturais e de fontes renováveis, como os corantes naturais, também tem sido considerada para reduzir o impacto ambiental dos processos de tingimento de têxteis. Perante as crescentes preocupações ambientais e de saúde, os corantes naturais não tóxicos e amigos do ambiente ressurgiram como uma potencial opção viável de "química verde", como alternativa, em certa medida, aos corantes sintéticos. O recente ressurgimento da investigação e desenvolvimento na produção e aplicação de corantes naturais deve-se à crescente popularidade de um estilo de vida mais natural baseado em produtos naturalmente sustentáveis. A flora e a fauna naturais estão repletas de cores que fascinam e atraem os seres humanos para um vasto leque de possibilidades.

A água continua a ser uma das necessidades básicas mais importantes da vida no nosso planeta. Cobre mais de 71% da superfície da Terra e representa cerca de 70% da sua massa. A água é a única substância na Terra que existe naturalmente em três estados físicos. A necessidade de água pura não pode ser ignorada. Infelizmente, nas últimas décadas, a expansão desenfreada da população e a invasão industrial de têxteis e outros produtos levaram a uma enorme pressão sobre os limitados recursos hídricos [1]. De facto, muitos poluentes orgânicos e inorgânicos são descarregados no meio aquático, causando uma deterioração dramática da qualidade da água, em especial metais e corantes sintéticos, que são cancerígenos e resistentes à luz e aos agentes oxidantes.

A poluição da água, uma questão crucial, tornou-se uma preocupação verdadeiramente global. Antes de mais, é importante compreender a sua natureza, as suas principais fontes e os seus efeitos nocivos para a saúde humana e a ecosfera. Em termos gerais, a poluição é uma contaminação ambiental que representa uma ameaça grave para vários organismos vivos. Esta poluição é classificada principalmente em cinco categorias: água, ar, solo, biológica e tóxica.

Muitas indústrias são grandes produtoras de águas residuais carregadas com uma grande variedade de poluentes. Estes poluentes incluem corantes, metais pesados, fenóis, pesticidas, insecticidas, medicamentos, etc. A descarga destes efluentes contaminados no meio aquático tem um enorme impacto na nossa biosfera. Têm características imunogénicas, teratogénicas, mutagénicas e carcinogénicas [2]. É sabido que 70-80% de todos os casos de doença nos países em desenvolvimento estão ligados à poluição da água [3]. A descarga de águas residuais no meio aquático sem tratamento causa numerosos problemas ambientais e de saúde para a flora, a fauna e a saúde humana [4].

Devido ao impacto dos corantes e dos metais pesados em vários organismos, a procura de água que os purifique está a tornar-se cada vez mais importante. Esta é uma questão importante para a indústria, o ambiente e a saúde. Têm sido utilizadas técnicas de tratamento físico, químico e biológico para purificar o sistema aquático. Os processos físicos e químicos incluem a coagulação-floculação [5], a precipitação [6], a troca iónica [7], a foto-oxidação [8], a eletrocoagulação [9], a eletrodiálise [10], a separação por membranas [11], a ultrafiltração [12], a osmose inversa [13] e a adsorção [14]. Os processos biológicos incluem a fito-extração [15] e a degradação biológica [16]. No entanto, a maioria destes processos tem uma série de limitações, tais como o custo elevado, a ineficiência a baixas concentrações de poluentes, o elevado consumo de tempo, reagentes, energia e produtos químicos e a formação de lamas de depuração [17]. É, portanto, necessário optar por uma tecnologia alternativa, mais ecológica e mais barata para a remoção efectiva de vários contaminantes da água. O processo de adsorção é um dos métodos mais rentáveis para a remoção de vários tipos de contaminantes, nomeadamente poluentes orgânicos (pesticidas, corantes, compostos fenólicos, etc.) e metais pesados. Além disso, a investigação e o desenvolvimento de novos adsorventes naturais que sejam abundantes, económicos e eficientes para o tratamento dos ecossistemas constituem um grande desafio. Os bio-adsorventes, como os biopolímeros, os resíduos agrícolas sólidos, as algas, etc., têm demonstrado uma relação custo-eficácia promissora para a retenção de poluentes. O nosso país, a Tunísia, possui uma biomassa vegetal e animal rica e fortuita. Esta biomassa pode ser utilizada para uma vasta gama de aplicações, incluindo medicina, síntese de medicamentos, indústria, alimentação, tinturaria e tratamento de resíduos.

Para minorar todos os perigos que têm surgido como resultado do uso excessivo de corantes sintéticos na tinturaria e de águas contaminadas, neste MayuscriLaetude-se as propriedades de tingimento de alguns materiais têxteis usando novos extractos biológicos extraídos da fauna tunisina, em particular fungos de noz e malte.Em seguida, os materiais celulósicos serão impressos usando nanopartículas metálicas coloidais obtidas pela redução de metais por extractos aquosos biológicos. A atividade biológica dos tecidos impressos será estudada através do teste de várias estirpes de bactérias.Esta primeira parte contribuirá de facto para a valorização dos corantes naturais para o desenvolvimento de processos de tingimento e impressão ecológicos na área dos têxteis e substituir os métodos habituais que utilizam corantes sintéticos.Na segunda parte, estudaremos o processo de adsorção de corantes têxteis como exemplos de poluentes têxteis (azul de metileno, por exemplo) por biomateriais brutos e modificados. Estes estudos serão efectuados em função de vários parâmetros (a cinética de equilíbrio, o efeito do pH, da temperatura e o da concentração inicial do material poluente) a fim de determinar as condições óptimas de adsorção e de contribuir para a compreensão do comportamento dos poluentes na interface entre as partículas de polímero e a solução aquosa. Por exemplo, serão utilizados resíduos de amêndoa, resíduos de tâmaras, sílica, resíduos de casca de camarão, etc. No último capítulo, sintetizaremos novas nanopartículas a partir de lenhina extraída de fibras de choupo e extractos aquosos de plantas de oleandro, pergularia e cogumelos malta, e estudaremos as suas características físico-químicas, bem como as suas utilizações também para a degradação de corantes têxteis. Por fim, faremos uma conclusão geral e esboçaremos um certo número de perspectivas que servirão de ponto de partida para outras linhas de investigação. Assim, será necessário desenvolver outros novos adsorventes não só para a degradação de corantes sintéticos, mas também para o tratamento de águas contaminadas por outros tipos de poluentes, como metais, polifenóis, pesticidas, etc.

Capítulo I

Extração de corantes da biomassa para aplicações de tingimento e impressão

Introdução

Os corantes naturais, extraídos das raízes, caules, folhas e flores das plantas, continuam a ser substitutos ecológicos dos corantes sintéticos. O seu efeito não tóxico e a sua natureza biodegradável podem ser explicados pela atividade dos extractos que contêm, tais como óleos essenciais, flavonóides, fenóis, etc. As suas numerosas propriedades funcionais podem justificar o progresso contínuo da sua utilização numa vasta gama de domínios.

Neste capítulo, estamos interessados em explorar novas matérias corantes derivadas da biomassa vegetal local para tingimento e impressão. Em primeiro lugar, avaliámos o poder de tingimento de algumas fibras têxteis utilizando corantes derivados de plantas de nogueira e cogumelos malta. Depois, os tecidos de algodão foram estampados com 2%, 5%, 8% e 10% de nanopartículas metálicas coloidais obtidas por redução de sais de cobre, magnésio e níquel por um extrato biológico aquoso de fungos de malte. Os valores das intensidades de coloração e das coordenadas colorimétricas serão medidos para a perceção da cor do material colorido. Será descrita a resistência à lavagem, à fricção, à luz e à transpiração. A atividade biológica dos tecidos estampados será estudada, principalmente através do teste de estirpes de *Staphylococcus aureus*, *Salmonella typhi* e *Candida albicans*.

I. Lembrete: parâmetros de cor

A luz ou cor é definida como qualquer radiação de comprimento de onda entre 400 e 700 nm que incide na retina (1 nm = 10-9 m = 1 bilionésimo de metro). As cores do espetro para cada um destes comprimentos de onda são o violeta de 400 a 430 nm, o azul de 430 a 485 nm, o verde de 485 a 570 nm, o amarelo de 570 a 585 nm, o laranja de 585 a 610 nm e o vermelho acima de 610 nm. Um estudo colorimétrico consiste na determinação dos parâmetros colorimétricos CIELAB (L*, a*, b* e c*) e do grau de absorção (K/S).

No nosso estudo, as medições colorimétricas foram efectuadas com um espetrofotómetro (Data Color 650®, EUA). É interessante trabalhar num espaço de coordenadas polares, permitindo codificar o estímulo luminoso através das noções de intensidade (L*), "saturação" e "tonalidade". A noção de matiz pode ser aproximada pelo ângulo de matiz (h). A noção de grau de coloração, ou seja, de saturação, pode ser aproximada pela magnitude (c*). A tonalidade representa aquilo a que chamamos "cor" na linguagem quotidiana.

Distingue os objectos pelos qualificativos vermelho, verde, azul, etc., independentemente da sua luminosidade. A saturação procura exprimir o grau em que uma cor, inicialmente pura (saturada), pode ser "lavada" com branco.

É igualmente importante medir a intensidade da cor (também conhecida como força da cor) utilizando a fórmula de KUBELKA e MUNK:

$$^{2}K/S = (1\text{-}R)\,/2R$$

Para o coeficiente de emissão R de uma amostra espessa e opaca, com as constantes K e S, KUBELKA e MUNK obtiveram, em certas condições bem determinadas e para o comprimento de onda 1, a relação K/S = (1-R)2/2R

II. A solidez dos corantes

Para avaliar a solidez dos corantes das amostras tingidas, utilizámos as seguintes normas internacionais: ISO 105-C06 para a estimativa da solidez à lavagem, ISO 105-X12 para a estimativa da solidez à fricção e ISO 105-B02 para a estimativa da solidez à luz.

Para medir a resistência ao atrito, utilizou-se um Crockmetre, um pano de ensaio de algodão com 5 cm x 5 cm, dois tubos de ensaio com 14 cm x 5 cm cada e uma escala de cor branca. Quando seco, o pano de algodão foi colocado na extremidade do tornozelo do Crockmetre e movido para a frente e para trás 10 vezes em 10 segundos. Quando molhado, é realizado o mesmo teste, exceto que o pano de fricção (tecido de algodão) deve ser molhado e depois torcido. Os tecidos são secos à temperatura ambiente. É de notar que, nesta fase, a resistência das amostras é avaliada através da escala de cinzentos.

A determinação da solidez à lavagem foi efectuada segundo o método ISO 105-C06. O aparelho utilizado é um Autowash, tipo SDL, composto por um banho de água que contém um eixo rotativo que transporta, radialmente, quatro recipientes de aço inoxidável com um diâmetro de 75 mm e uma altura de 125 mm, com uma capacidade de 550 mL, caindo o fundo dos recipientes 45 mL, caindo o fundo dos recipientes 45 mm do eixo do eixo. O conjunto eixo/recipiente é rodado a uma frequência de 40 rpm. Um tubo de ensaio de tecido medindo 100x40 mm, em contacto com dois tecidos menores, foi colocado no recipiente contendo 150 mL de água e 4g/L de detergente a uma temperatura de 50°C durante 30 min. A amostra resultante é humedecida e seca à temperatura ambiente. A degradação da amostra é avaliada em relação à amostra que não foi submetida ao teste de lavagem, utilizando a escala de cinzentos.

A resistência à luz foi efectuada de acordo com o método ISO 105-B02. O aparelho utilizado foi um Sunset (lâmpada Xéйoп). Um tubo de ensaio medindo 4,5 cm*1 cm e um ëcbeHe de azul foram utilizados para efetuar a medição da resistência à luz. Este teste consiste em expor os tubos de ensaio e o conjunto de padrões no aparelho, parte do qual é escondido de cada vez para avaliar a degradação. Em seguida, comparamos a amostra de teste após a exposição à luz, usando a escala azul.

III. Avaliação das propriedades de tingimento de lã e poliamida com noz

III.1. 1. Preparação de matérias corantes a partir de caules e folhas de nogueira

Os rendimentos de extração das matérias corantes são iguais a 21,45% e 19,37%, respetivamente, para o caule e a folha utilizando mëthanol como solvente. Os rendimentos no caso da água são, respetivamente, 12,75% e 15,22% para caule e folha. Observamos então que o mëtanol é o solvente adequado. Nos testes seguintes, serão discutidos apenas os extractos que utilizam o mëtanol como solvente.

III.2. 2. Caracterização química dos extractos

$^{-1}$Os espectros de IV das fracções da folha e do caule são apresentados na Figura I.1.a. A fração do caule apresenta uma banda forte a cerca de 3270 cm correspondente ao grupo OH. $^{-}$ ^{1}Esta banda foi observada a 3281 cm para a folha. $^{-1}$As duas bandas a cerca de 2905 e 2806 cm são atribuídas a grupos mëtil e metileno assimétricos e simétricos [18, 19]. $^{-1}$A banda a 1592 cm é atribuída ao grupo C = C [18]. $^{-1}$Grupos anti-simétricos C-O dëformation foram observados em 1422 cm . $^{-1}$A flexão CH simétrica de grupos mëthoxyl foi observada em 1347 cm [20]. $^{-1}$A banda a 1004 cm é atribuída à vibração C-O [21]. $^{-1}$A principal diferença entre os espectros de IV da fração do caule e da folha da noz é a presença de um pico a 1680 cm para o caule, que corresponde ao grupo C=O. Este resultado é apoiado pela cromatografia gasosa-espetroscopia de massa que indica que o éster metílico do ácido 9,12-octadecadienóico (Z, Z) -, é um constituinte principal do caule.

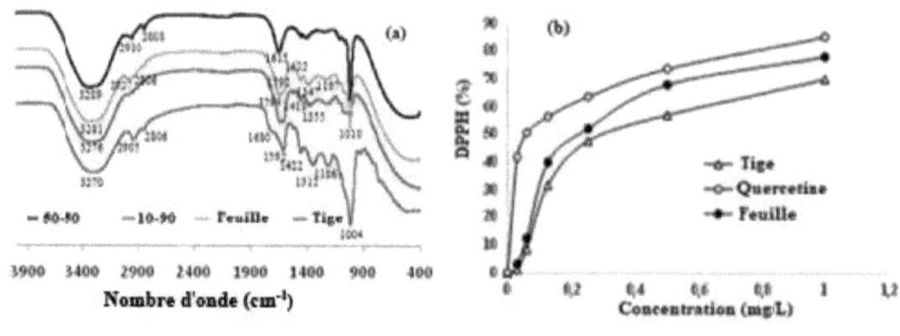

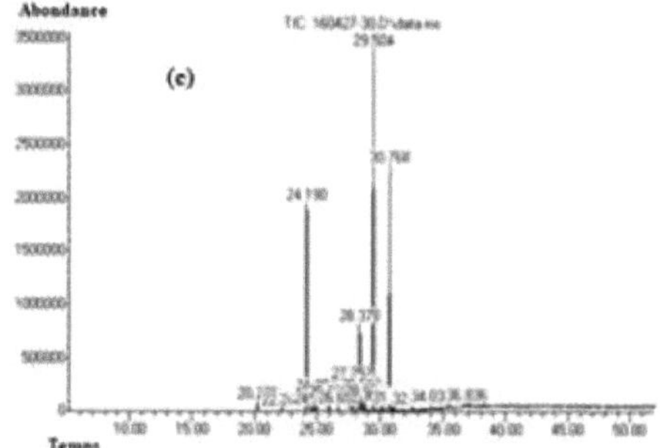

Figura I. 1.(a).Espectro de IV da folha, caule e suas fracções тёlапде (
10-90 e 50-50 mëlanges
), (b) Piëgeage
ativo de radicais DPPH de extractos de caule de nogueira e
folha de nogueira (cada valor é a média de três medições), e (c) Cromato

A interação entre as fracções folha e caule também ёlё ёtudiëe. De facto, não existe uma diferença entre as fitas gravadas para as várias combinações de mëlanges. O mëlange dos extractos evidencia a formação da ligação hidrogëne. [1-1]A banda de hidroxila observada em 3270 cm para a fração do caule dëplacëeversa para 3282 cm para o mëlange 50-50. Isso sugere a adição de grupos hidroxila do extrato da folha. [1-1]Além disso, a banda observada a 1680 cm para a fração do caule desapareceu ou foi deslocada para 1615 cm, confirmando assim a interação entre este grupo e os outros grupos reactivos na folha.

Os valores para o conteúdo total de phënol (TPC) e flavonóides (TFC) são 71,51 mg GAE/g e 12,14 mg QE/g de extrato seco para o caule da nogueira (Tabela I.1). Estes teores são mais elevados no caso da folha: 103,33 GAE/g e 20,17 mg QE/g de extrato seco. O nosso extrato é portanto rico em flavonóides, geralmente conhecidos pelas suas propriedades corantes.

A capacidade das fracções de afogamento para piëger espëces reactivos por doação de hidrogëne foi dëterminadaë para piëger radicais DPPH* [22]. De facto, o DPPH é um radical livre estável que pode aceitar um eletrão ou um radical hidrogëne para ser convertido numa molécula duimagnética estável. A evolução da atividade de captura de DPPH (%) em função da concentração dos extractos das duas fracções de noz está ilustrada na Figura I.1b. Foram determinados os valores da concentração necessária para recuperar 50% do DPPH* (IC50). As fracções estudadas apresentam uma atividade de eliminação do radical DPPH* dependente da concentração. O valor de atividade mais elevado foi obtido com o extrato da folha. Enquanto que o valor Cl50 foi mais elevado com o extrato do caule. Isto prova que a folha tem uma

8

atividade antioxidante mais elevada do que o caule (Quadro I.1).

Tabela I. 1: Valores de TPC, TFC e IC50 para extractos de folhas e caules de nogueira

Extrato	TPC (mg GAE/g extrato seco)	TFC (mg EQ/g extrato seco)	IC50 (mg/mL)
Folha	103.33	20.17	0.244
Caule	71.51	12.14	0.343
Quercetina	-	-	0.064

O extrato do caule foi analisado por cromatografia em fase gasosa (Figura III.1c) e resultou na separação de 19 picos principais. Estes picos foram depois analisados por espetroscopia de massa. Três picos principais apresentaram tempos de retenção de 29,504 (área = 36,95%), 30,768 (área = 18,83%) e 24,192 (área = 19,91%). A análise mostrou que a maior massa, entre os 19 picos registados, era 294,47 com uma fórmula empírica C19H34O2 [ácido 9,12-octadecadienoico (Z, Z) -, éster metílico].

III.3. 3. Atividade antibacteriana do extrato de noz

A formação de zonas de inibição a partir do método de difusão em disco indica a presença de potencial atividade antibacteriana. Isto foi observado para todos os ëtudiëes com diferenças nas zonas de inibição: zonas claras ao redor do disco ou zonas de inibição. Os diâmetros das zonas de inibição exercidas pelos extractos do caule foram resumidos na Tabela I.2. As estirpes de Aspergillus Niger e Salmonella arizonae 1 foram os microrganismos mais sensíveis com as maiores zonas de inibição. Este resultado pode ser explicado pela diferença de estruturas da parede celular bacteriana entre bactérias Gram-positivas e Gram-negativas. De facto, para além da membrana celular, as bactérias Gram-negativas têm uma membrana externa adicional composta por fosfolípidos, proteínas e lipopolissacáridos. Esta membrana é considerada impermeável à maioria das moléculas [22].

Tabela I. 2: Evolução dos diâmetros de inibição para ëtudiëes estirpes

	Concentração dos extractos (qL)				
	10	20	30	40	50
Estirpe	Diâmetro de inibição (mm)				
Escherichia coli	10	11	13	16	16
Staphylococcus aureus	9	10	12	14	15
Listeria monocytogenes	9	11	12	13	15
Salmonella arizonae 2	10	11	12	15	16
Salmonella arizonae 1	10	11	13	15	18
Aeromonashydrophila	10	11	12	14	15
Pseudomonas fluorescens	11	13	14	15	17
Aspergillus Niger	10	11	13	15	20
Epididimite de Orchi	9	12	12	13	14

De facto, os diâmetros dos valores de inibição permitem-nos concluir sobre a sensibilidade do extrato a estas bactérias patogénicas. Esta pode ser avaliada de acordo com a seguinte classificação: não sensível (d <8 mm), sensível (d entre 9 e 14 mm), muito sensível (d entre 15 e 19 mm) e extremamente sensível (d > 20 mm). Para um extrato de 10 qL, todas as bactérias tinham um diâmetro superior a 8 mm. No entanto, para um volume de 40 qL, todas as bactérias foram muito sensíveis, com exceção da Salmonella arizonae, Aeromonas hydrophila e Orchi Epididymite. Para um volume de 50 |1L, Aspergillus Nigeris foi extremamente sensível. Em resumo, os nossos resultados mostram que o extrato estudado tem uma atividade antibacteriana potencial numa relação dose-resposta. Isto permitiu-nos determinar a concentração inibitória mínima (CIM) e a concentração bacteriana mínima (CBM). De acordo com os dados registados, as estirpes Salmonella arizonae 1, Pseudomonas fluorescens e Aspergillus Niger foram seleccionadas para a determinação dos valores de CIM por serem as mais sensíveis (Figura I.2). As percentagens de inibição para as três bactérias patogénicas estudadas estão resumidas no quadro I.3. O Aspergillus Niger apresentou o valor de CIM mais baixo (0,5 mg/mL). O valor MBC foi de 1,25 mg/mL. O valor mais elevado de CIM foi obtido com Pseudomonas fluorescens e Salmonella arizonae 1 (CIM = 1,25 mg/mL). Os valores de BMC para Salmonella arizonae 1 e Pseudomonas fluorescens são, respetivamente, ëgales a 2,5 e 10 mg/mL.

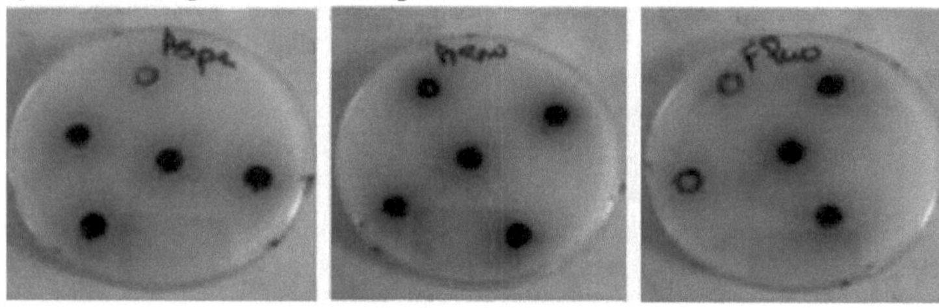

Figura I. 2. Fotografias mostrando a atividade antimicrobiana do extrato de ëtudië contra: (a) Aspergillus Niger, (b) Salmonella arizonae 1, e (c) Pseudomonas fluorescens.

Tabela I. 3. Valores de inibição para ëtudiëes de estirpes.

Dimetilsulfóxido (mg/mL) (CFU/mg extrato) Inibição (%)

A. Níger	P. fluorescens	S. arizonae	A. Níger	P. fluorescens	S. arizonae 1	A. Níger	P. fluorescens	S. arizonae
0	0	10	2.88×10^5	5.7×10^6	2.4×10^8	0	0	0
0.1	0,1	0.1	2.45×10^5	2.39×10^6	2.28×10^8	40.8	58.7	43.85
0.5	0.5	0.5	2.9×10^4	1.9×10^6	7.8×10^7	90	66.6	67.5
1.25	1.25	1.25	1.7×10^3	5×10^5	1.75×10^7	99.4	91.2	92.7
1.5	2.5	2.5	6×10^2	1.9×10^5	2.4×10^6	99.6	96.6	99
5	5	5	8×10^2	9.8×10^4	4.4×10^5	99.72	98.2	99.8
10	10	10	5×10^2	4.9×10^3	2.82×10^4	99.8	99.9	99.98

CFU: Unidade formadora de colónias

III.4. Parâmetros que influenciam o tingimento com talo de nogueira

Efectuámos experiências de tingimento de lã e de poliamida com vareta de nogueira em modo estático (pressão atmosférica) e em modo dinâmico (Ahiba nuance®). A figura I.3 mostra a evolução da intensidade da cor das amostras tingidas à pressão atmosférica. Os valores mais elevados foram obtidos com o Ahiba nuance®. Por exemplo, o K/S variou de 0,82 a 3,6 para a lã (pH = 4, t = 45 min e T = 90°C) em modo dinâmico. Este valor é quatro vezes mais elevado do que o registado à pressão atmosférica. Esta diferença explica-se pelo facto de o extrato conter grupos fenólicos que podem ser facilmente oxidados na presença de ar. Pode também ser explicada pelo efeito da velocidade de agitação, que favorece o contacto extrato-fibra e, consequentemente, a difusão da cor na amostra em estudo.

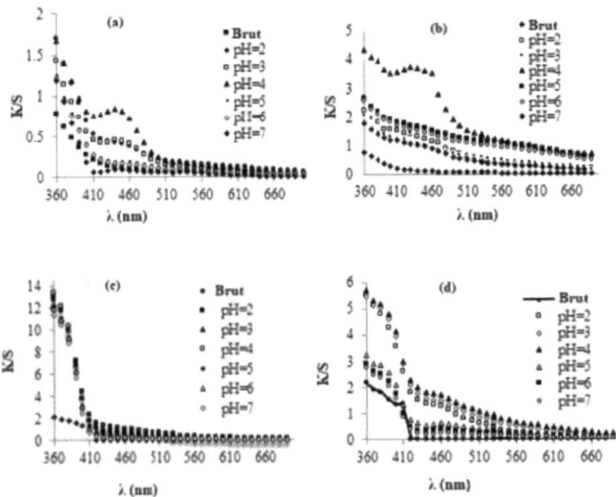

Figura I. 3 - Efeito do modo de tingimento nas propriedades de tingimento: (a) lã tingida em modo estático, (b) lã tingida em modo dinâmico, (c) poliamida tingida em modo estático e (d) poliamida tingida em modo dinâmico (t = 45 min e T = 90°C).
a) lã tingida em modo dinâmico, b) lã tingida em modo dinâmico, c) poliamida tingida em modo estático e d)
poliamida tingida em modo dinâmico (t = 45 min e T = 90°C).

Para ultrapassar a falta de aifinidade do algodão em relação ao extrato do caule da nogueira, as amostras foram sujeitas a banhos contendo diferentes doses de NaCl e copolímero de dimcti-dialil amónio-cloreto-dialilamina. O primeiro processo envolve o tratamento do algodão com uma solução de NaCl a uma temperatura de 50°C durante um período de 10 minutos. O segundo utiliza o copolyrëre cujo processo é descrito no Capítulo 2. De acordo com a Figura I.4a, a força do corante evolui de 0,1 para 0,4 quando o algodão é tratado com NaCl. Por outro lado, após a funcionalização do algodão com o copolímero, o valor máximo da força do corante é igual a 0,7 para uma concentração óptima de copolímero de 0,05% (Figura I.4b). A melhoria significativa de K/S no caso do algodão tratado com copoˆrëre pode ser explicada pela adição dos sítios catiónicos que são responsáveis pela interação fibra-extrato. A variação de K/S entre os dois processos depende do tamanho e do número de catiões disponíveis.

A figura I.4c mostra a evolução da intensidade da cor em função da velocidade de agitaçao (0-45 rpm). O K/S aumenta rapidamente com a velocidade de agitação e atinge o seu máximo com uma velocidade de agitação de 30 rpm. Estes resultados estão de acordo com os resultados observados durante o estudo da influência do modo de tingimento, onde foi aprovado que o modo de tingimento dinâmico é mais adequado para melhorar a interação fibra-extrato.

O pH da solução também desempenha um papel importante no controlo do processo de tingimento. Neste estudo, as experiências de tingimento foram estudadas para valores de pH compreendidos entre 2 e 7 (Figura I.4d). A pH = 4, K/S — 3,98 para a lã c 2,01 para a poliamida. Acima deste valor, K/S diminui. Em condições ácidas, a protonação dos grupos amina da lã e da poliamida favorece as interacções entre estes grupos e os das moléculas de corante.

O valor máximo de K/S db também depende da concentração do extrato de btudib e aumenta com o aumento da concentração inicial (Figura I.4e). Este facto pode ser o resultado de um aumento da força motriz do gradiente de concentração com o aumento da concentração inicial do corante [23]. Um aumento adicional da concentração de corante (acima de 0,4%) não melhora significativamente o poder de coloração. O poder de coloração é mais elevado aos 25 minutos (Figura I.4f). As taxas rápidas observadas nos primeiros minutos podem ser interpretadas pela presença de um grande número de sítios reactivos disponíveis na superfície das fibras. A diferença de K/S entre as amostras estudadas está relacionada com a estrutura de cada fibra e com o carácter aniónico do extrato.

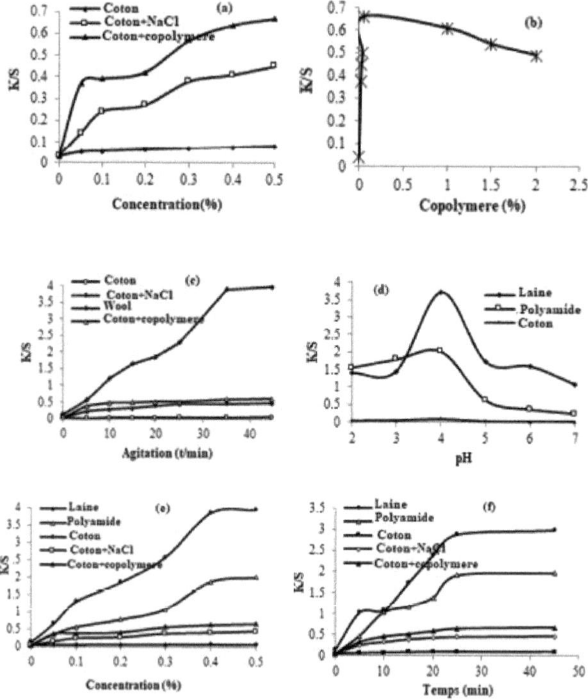

Figura I. 4: (a) Efeito do NaCl e do copolímero no tingimento de amostras de algodão, (b) Efeito do NaCl e do copolímero no tingimento de amostras de algodão, (c) Efeito do NaCl e do copolímero no tingimento de amostras de algodão.
Efeito da dose de copolímero (RdB = 1/40, NaCl = 10 g / L pH = 4, T = 90°C, t = 60 min), (c) Efeito da velocidade de agitação, (d) Efeito do pH (RdB = 1/40, T = 90°C, t =60min)

A temperatura afecta o tingimento ao quebrar a energia das moléculas de corante e ao inchar a lã. O efeito da temperatura nas propriedades de tingimento das amostras estudadas é mostrado na Figura I.5. A força do corante aumenta com a temperatura de 50 a 90°C. Estes resultados podem ser explicados pela maior dilatação da lã a temperaturas elevadas. O valor mais elevado da resistência da cor é observado a 90°C. Acima disso, diminui devido à deslocação do equilíbrio de adsorção-dessorção, indicando que o tingimento é controlado por um processo exotérmico. A T = 95°C, K/S diminui rapidamente de 3,98 para 1,5. Isto explica-se pelo enfraquecimento das ligações de hidrogénio e das forças de atração de Van Der Waals entre o extrato e a fibra a temperaturas mais elevadas.

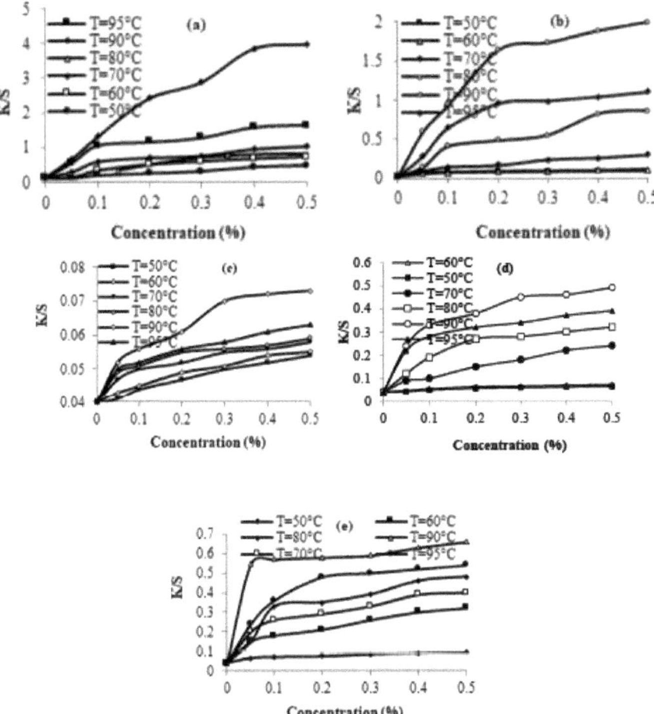

Figura I. 5. Efeito da tempëratura nas propriedades de tingimento de (a) lã e (b) poliamida. (c) algodão, (d) algodão tratado com NaCl, e (e) algodão tratado com copo^тëre (RdB = 1/40, NaCl = 10 g/L, pH = 4, T = 90°C, t = 60 min)

III.5. Parâmetros que influenciam o tingimento com a mistura caule-folha de nogueira

Nesta secção, propomos investigar as propriedades de tingimento utilizando uma mistura de extrato de folha e caule para amostras de lã, poliamida e algodão. A combinação da mistura foi variada, considerando o extrato do caule como o componente principal (v/v). Os resultados mostram que as intensidades de cor mais elevadas foram obtidas utilizando extractos da mistura (Figura I.6). De facto, o K/S variou de 6 a 10,4 para a lã, de 3,36 a 5,6 para a poliamida e de 0,98 a 1,5 para o algodão. Isto significa que, em caso de mistura, a melhoria da cor é cerca de 1,7 vezes superior à de um extrato simples (figura I.6a). A combinação óptima de mistura é 50-50 para a lã e a poliamida. No caso do algodão, a intensidade cromática mais elevada é obtida com a combinação 10-90% (figura I.6b). Além disso, em comparação com o tingimento com a fração do caule (K/S = 0,1), o extrato de folhas tinge muito bem o algodão (K/S = 0,98). Isto pode ser explicado pela composição diferente das duas fracções. Estes resultados são consistentes com os valores de CPT determinados anteriormente. O tempo necessário para atingir o equilíbrio do corante com o caule da folha тёlаnде é de 45 min (Figura I.6c).

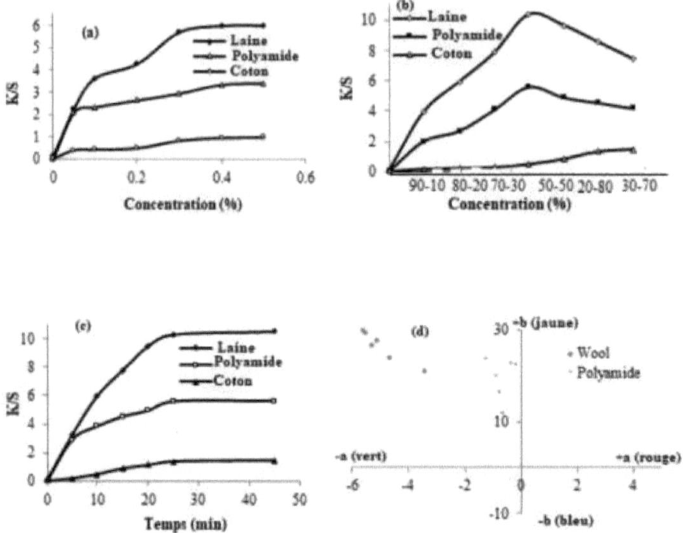

Figura I. 6. Variação de K/S para: (a) o extrato de folha, (b) o caule de folha тёlаnде (T = 90°C, pH = 4), (c) efeito do tempo, e (d) variação da cor amarelada no diagrama colorimétrico para lã tingida e poliamida.
diagrama colorimétrico para lã e poliamida tingidas.

Os valores das coordenadas colorimétricas para lã e poliamida tingidas com as diferentes combinações da mistura são mostrados na Tabela I.4. O paramëtre L* variou de 71,18 a 79,02 para a lã tingida e de 76,54 a 82,75 para a poliamida tingida. A cromaticidade variou de 21,18 a 30,14 para a lã e de 12,83 a 23,72 para a poliamida. Os valores elevados de luminosidade e os valores baixos de cromaticidade indicam uma tonalidade clara e brilhante para as amostras estudadas. A partir do gráfico a* - b* (Figura I.6d), as amostras de lã e de poliamida tingidas com a mistura apresentam uma cor amarelada. Além disso, a lã apresenta os valores mais elevados de b* e os valores mais baixos de a* em comparação com a poliamida, o que indica o aumento da cor esverdeada da lã tingida. A combinação óptima da mistura é 50-50, em que o ângulo de coloração é máximo para a lã (101,43) e para a poliamida (93,73). Para esta condição óptima, as amostras são mais saturadas. Os valores máximos de cromaticidade são 30,41 para a lã e 23,72 para a poliamida. Estes resultados estão de acordo com os valores de intensidade de cor.

Tabela I. 4. Resumo das coordenadas colorimëtricas para o tingimento de lã e poliamida utilizando a mistura caule-folha de nogueira.

Coordenadas de cor	L*	a*	b*	C*	H
Melange(%)			Lã		
90-10	76.66	-5.11	27.86	28.36	100.38
80-20	71.18	-5.31	26.68	27.22	100.42
70-30	66.39	-5.51	29.33	29.84	100.64

50-50	73.34	-5.59	29.91	30.41	101.43
30-70	79.02	-4.66	24.01	24.45	100.24
10-90	75.45	-3.44	20.9	21.18	99.34
Poliamida					
90-10	76.54	-0.72	11.71	12.83	88.54
80-20	80.28	-0.81	16.42	16.44	90.78
70-30	78.66	-0.93	19.83	19.87	92.88
50-50	81.81	-1.29	23.72	23.72	93.73
30-70	78.66	-0.38	22.49	22.61	90.96
10-90	82 .75	-0.22	22.46	22.47	90.79

A figura I.7 mostra a evolução da temperatura em função da concentração de extrato de noz num sistema binário simples. K/S aumenta com a temperatura, o que significa que o processo de tingimento é endotérmico. Isto sugere uma interação entre os grupos hidroxilo dos extractos e os grupos amina da lã e da poliamida.

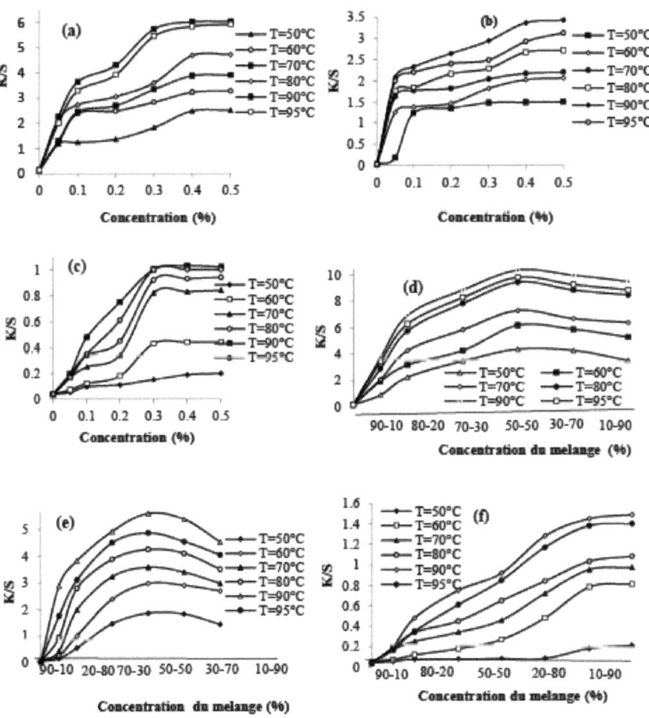

Figura I. 7. Efeito da temperatura nas propriedades de tingimento: (a) lã tingida com extrato de folhas, (b) poliamida com extrato de folhas
extrato de folha, (b) poliamida com extrato de folha (c) algodão com extrato de folha
(d) lã com caule de folha (e) poliamida com caule de folha, e (f) algodão com caule de folha

III.6. Solidez à fricção, à lavagem, à transpiração e à luz

Nesta secção, foi examinada a resistência à lavagem, à fricção seca e húmida (Quadro I.5) e à transpiração ácida e alcalina (Quadro I.6). Os dados revelaram que a utilização de extractos de misturas de folhas e caules melhorou ligeiramente a resistência à lavagem e à luz. No caso da lã, as amostras tingidas com a mistura de folhas e caules apresentam uma boa resistência à lavagem, à transpiração e à fricção. A resistência à luz é razoável. A resistência à lavagem, a resistência à fricção, a resistência à luz e a resistência à transpiração permanecem razoáveis para a poliamida.

Quadro I. 5: Solidez à lavagem e à fricção

		Solidez à lavagem	Resistência à fricção	
Extractos	Amostras			
	Degorgement	50°C	Seco	Húmido
	Lã	5		
	Acrílico	5		
	LãPoliéster	5		
	Poliamida	5	5	5
Caule	Algodão	4/5		
	Acetato	5		
	Solidariedade face à degradação	2/3		
	Lã	5		
	Acrílico	5		
	Poliamida Poliéster	5	5	4/5
	Poliamida	4/5		
	Algodão	5		
	Acetato	5		
	Solidariedade face à degradação	2		
	Lã	5	5	5
	Acrílico	5		
	Poliéster	5		
	LãPoliamida	4		
	Algodão	5		
Caule da folha	Acetato	5		
	Solidariedade face à degradação	5		
	Lã	5	4/5	4/5
	Acrílico	5		
	Poliamida Poliéster	5		
	Poliamida	4/5		
	Algodão	5		
	Acetato	5		
	Soliditea ladegradation	4		

Quadro I. 6: Resistência à luz e resistência à transpiração

Resistência à transpiração

Extractos	Fibras	Solidite a la lumiere-	Ácido	Básico
Caule	Lã	$^3/4$	5	5
	Poliamida	$^3/4$	4/5	4/5
Caule da	Lã	4	5	5

folha

| Poliamida | 4 | 4/5 | 4/5 |

IV. Tingimento com cogumelos maltados
IV.1 Caracterização química do extrato de fungos do malte

Os valores de TPC e TFC, determinados para o extrato de cogumelo de malte, são: 52 mg GAE/g extrato e 4,05 mg QE/g extrato (Tabela I.7). Estes valores mostram que os compostos polifënólicos são os principais componentes do extrato de ëtudië. Este extrato é também rico em flavonóides que são comummente reconhecidos pelo seu desempenho no tingimento de materiais têxteis.

Tabela I. 7. dëterminëes TPC, TFC e valores IC50 para o extrato do fungo de malte

Extrato	CPT (mg EQ /g)	TFC (mg GAE /g)	IC50 (mg/mL)
Cogumelo maltês	52	4.05	7.5

A evolução da atividade de piëgeage DPPH (%) em função da concentração do extrato é mostrada na Figura I.8a. O valor IC50 é de 7,5 mg/mL. Este valor é maior do que o da quercetina (0,064 mg/mL).

O espetro de IV do extrato é apresentado na figura I.8b. [1]A banda a aproximadamente 3219 cm- é atribuída ao grupo OH. [-1]As duas bandas a 2890 e 2814 cm correspondem aos grupos assimétricos e simétricos metilo e metileno [18]. [-1]A banda a 1598 cm é atribuída ao grupo C=C [19]. [-1]Grupos de deformação C-O anti-simétricos foram observados a 1434 cm. [-1]A fração CH dos grupos metoxilo foi observada a 1309 cm [18]. [-1]A banda a 1016 cm é atribuída à vibração de estiramento C=O [18]. Estes dados são consistentes com os valores de TPC e TFC determinados para o extrato preparado.

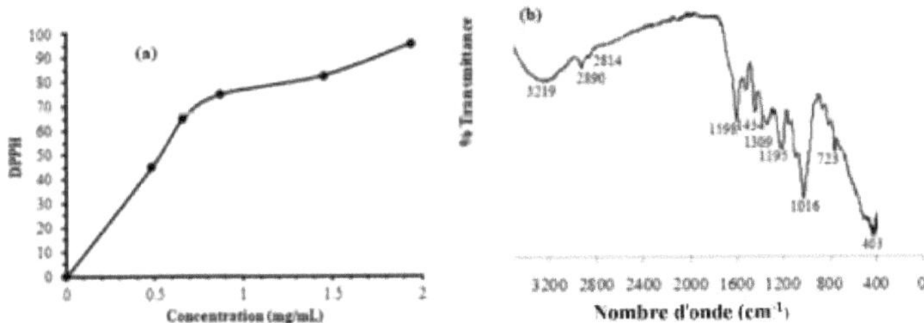

Figura I. 8 (a) Evolução do DPPH (%) em função da concentração do extrato, e (b) Espectro de IV do extrato.

IV.2 Efeito dos parâmetros de tingimento na revolução da intensidade da cor

Os parâmetros de entrada são: concentração inicial de extrato de 0,05 a 0,5%, valores de pH entre 3,0 e 8,0, tempo de tingimento entre 5 e 45 minutos e valores de tempëratura entre 50 e 95°C. As quatro variáveis indëpendentes têm ël.ë dësignëes: pH, t, C e T para cálculos estatísticos. Os testes estão resumidos na Tabela I.8. Foram concebidos 16 testes para otimizar as experiências de tingimento. [2]Os dados obtidos foram avaliados aplicando os coeficientes de determinação (R) e através de gráficos de resposta. Os factores ëtudiës são dëpendentes, uma vez que existe uma interação entre eles (Figura I.9). As análises estatísticas prësentëes na Tabela I.9 indicam que todos os factores ëtudiës têm efeitos significativos na força da cor, uma vez que os valores de p são inferiores a 0,05.

Um modelo de superfície de resposta adëquat que prevê a força da cor é dado pela seguinte liquidação:

$$\frac{K}{S} = 2.1024 + 0.1533 \times pH - 0.8246 \times C + 0.0093 \times T + 0.0118 \times t - 0.0161 \times pH \times C$$
$$+ 0.0023 \times pH \times T + 0.0003 \times pH \times t - 0.0141 \times C \times T - 0.0012 \times C \times t$$
$$+ 0.0001 \times T \times t$$

Tabela I. 8: Parâmetros utilizados para conceber o plano experimental para o tingimento do algodão com extrato de fungos do malte.

Nível atual das variáveis

TesteP h		Concentração	T (°C)	t (min)	Resposta (K/S)
1	3	0,05	50	5	0.465
2	8	0,05	50	5	1.614
3	3	0,5	50	5	0.421
4	3	0,05	95	5	0.605
5	3	0,05	50	45	0.557
6	8	0,5	50	5	0.363
7	3	0,05	95	45	0.901
8	8	0,05	95	5	0.548
9	8	0,05	50	45	0.467
10	3	0,5	95	5	0.586
11	3	0,5	50	45	0.406
12	8	0,5	95	5	0.384
13	3	0,5	95	45	0.632
14	8	0,05	95	45	0.946
15	8	0,5	50	45	0.385
16	8	0,5	95	45	1.585

Quadro I. 9: Coeficientes de regressão estimados para o tingimento

Condições	Coeficiente	T	P
Constantes	2.1024	4.194	0.009
Ph	0.1533	2.189	0.0340
C (%)	-0.8246	-0.955	0.006
T (°c)	0.0093	1.536	0.002
t (min)	0.0118	1.216	0.041
pH*C (%)	-0.0161	-0.197	0.018
pH*T (°C)	0.0023	-2.804	0.038
pH*t (min)	0.0003	0.411	0.007
C (%)*T (°C)	-0.0141	1.553	0.022
C (%)*t (min	-0.0012	0.121	0.003
T (°C)*t (min)	0.0001	1.409	0.021

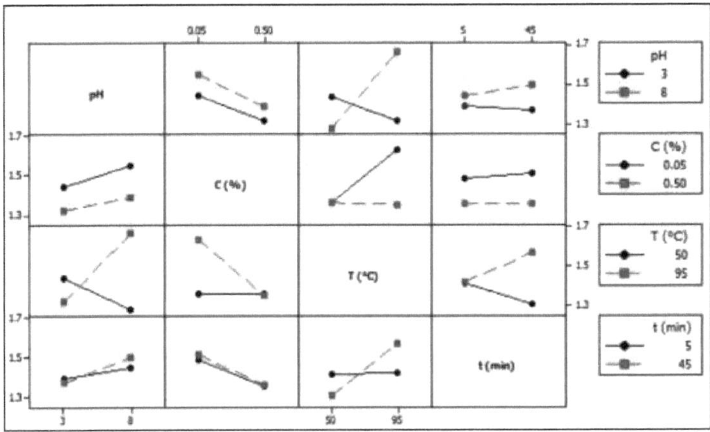

Figura I. 9: Interação entre parâmetros

De facto, os valores de R2 da regressão de liquação são ëgale a 0,9, o que significa que uma mudança de 90% no valor K/S poderia ser explicada pelos termos incluídos na liquação. O impacto destes diferentes parâmetros nos valores de resistência da cor é ilustrado nos gráficos de superfície (Figura I.10). Obtêm-se valores mais elevados de K/S com o aumento da temperatura, do tempo e do valor do pH.

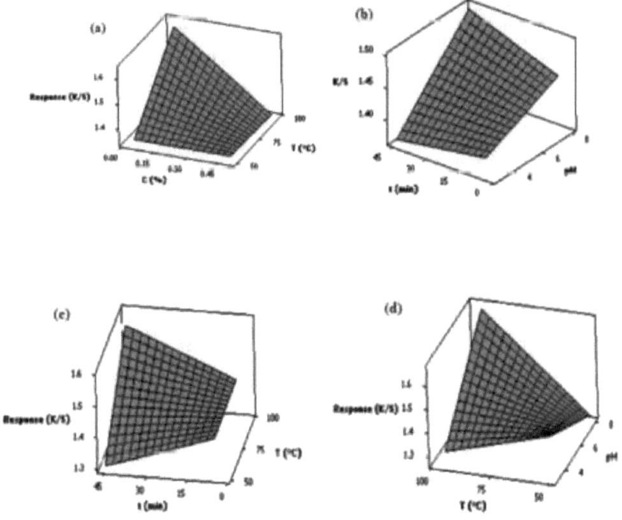

Figura I. 10: Efeito de : (a) C e T, (b) t e pH, (c) t e T, (d) T e pH na intensidade da cor
Os diagramas de efeito (Figura I.11) permitem uma melhor ë avaliação do impacto da interação entre parâmetros. Para cada nível de tal parâmetro, o №acë de uma linha de rëfëferência para a média geral da informação de resposta pode ser ëvaluatedë. Observamos que o parâmetro pH tem o efeito mais ëкyë devido à sua inclinação acentuada. Este efeito é ëgal a 2,189 (Tabela I.4). A força da coloração também é fortemente influenciada pela

tempëratura (T = 1,536). Para além disso, a duração tem um efeito significativo (T = 1,536). Por conseguinte, para aumentar a intensidade da cor, é necessário aumentar estes três factores. A concentração tem um efeito iK'gativo considerável em K/S (T = -0,955).

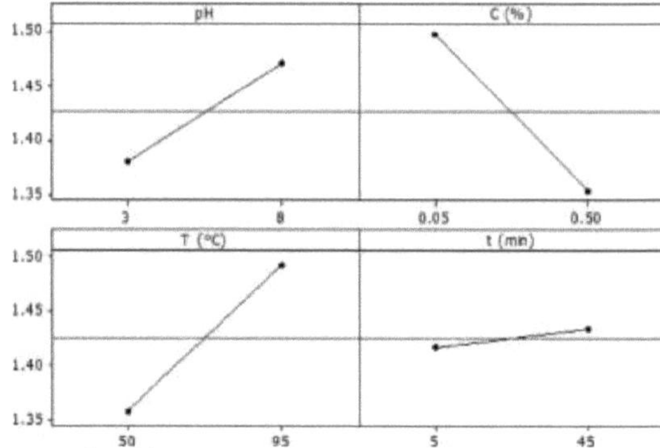

Figura I. 11. Diagrama de efeitos

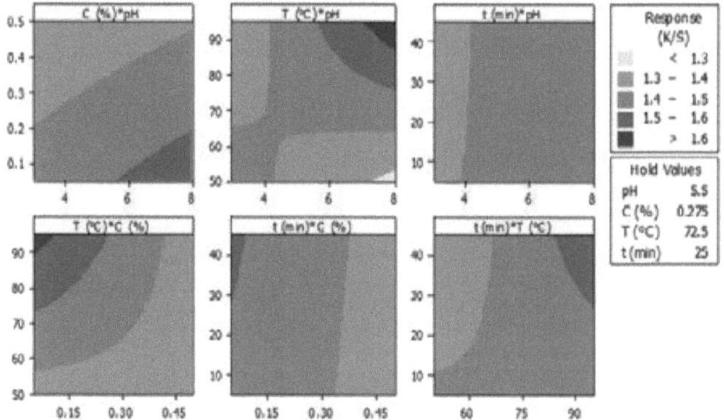

Figura I. 12. Traços dos contornos K/S

Os traços de contorno (Figura I.12) mostram as diferenças nos valores K/S quando os valores foram modificados. Isto pode ser utilizado para reconhecer uma solução óptima para uma resposta conhecida. As condições óptimas para este corante são: pH = 5,5, temperatura = 72,5°C, concentração de extrato = 0,275% e tempo = 25 minutos.

Nesta secção, as amostras de algodão foram tratadas em banhos de corante contendo várias concentrações de NaCl (0,0, 10,0, 20,0, 30,0 e 40,0 g/L). A Figura I.13a mostra que a força do corante aumentou de 1,13 para 2,53 quando as amostras foram tratadas com concentrações de NaCl que variam de 10 a 30 g/L. Isto é explicado pelo facto de a força catiónica ser mais forte do que a força do corante. Isto é explicado pelos sítios catiónicos do eletrólito depositados na superfície do algodão, levando à interação fibra-extrato. Este resultado é apoiado pela involução do parâmetro de cromaticidade (Figura I.13b). O aumento da quantidade de NaCl acima de 30 g/L diminui o desempenho da cor. K/S diminui para 1,69 para uma concentração de 40 g/L de NaCl. Este facto pode ser explicado por fenómenos de agregação. Recorde-se que o valor de K/S não ultrapassa 1,13 num banho de corante sem electrólitos.

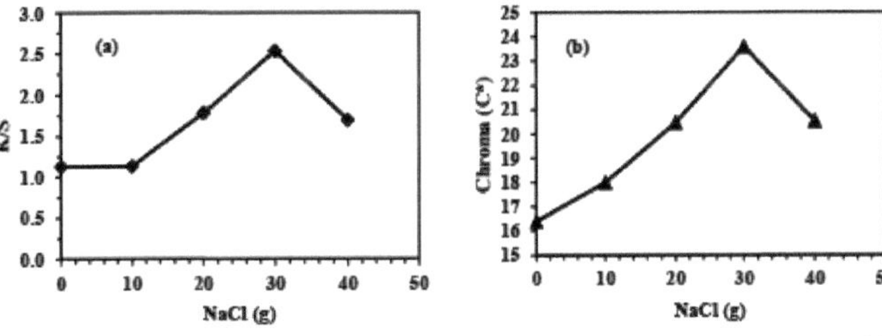

Figura I. 13: Evolução de: (a) K/S e (b) cromaticidade em função da quantidade de NaCl

IV.3. Resistência à lavagem, à fricção, à luz e à transpiração

De acordo com os dados resumidos no quadro I.10, a solidez à lavagem, à fricção e à transpiração é boa. A solidez à luz é razoável.

Tabela I. 10. Resultados da solidez à lavagem, fricção, luz e transpiração.

	Solidez à lavagem	Resistência à fricção	
Coloração de cores	50°C	Seco	Húmido
Lã	5		
Acrílico	5		
Poliéster	5		
Poliamida	5		55
Algodão	4/5		
Acetato	5		
Solidite a la degradação	2/3		
		Resistência à transpiração	
Solidão à luz		Ácido	Básico
%		5	5
%		4/5	4/5

V. Impressão com nanopartículas metálicas coloidais

V.1 Biossíntese de nanopartículas de óxido de cobre, níquel e magnésio

As plantas de fungos do malte foram recolhidas, lavadas com água destilada e secas no escuro durante vários dias. As fracções secas foram depois trituradas em pó utilizando um misturador elétrico. Os pós secos moídos (10 g) foram dispersos num volume de 150 mL de água destilada e aquecidos durante 90 minutos a 70°C. A suspensão aquosa colorida resultante foi filtrada. O extrato obtido a partir dos cogumelos de malte (100 mL) foi misturado com 100 mL de cada uma das seguintes soluções metálicas: sulfato de cobre ($CuSO_4.5H_2O$, 1M), sulfato de níquel ($NiSO_4.5H_2O$, 1M) e sulfato de magnésio ($MgSO_4.5H_2O$, 1M). As misturas foram agitadas constantemente a 70°C durante 2 horas. A intensa mudança de cor observada nas soluções preparadas comprova a produção de nanopartículas de CuO, NiO e MgO. [2+2+2]De facto, as biomoléculas biológicas presentes no extrato formam primeiro ligandos com os iões Cu, Ni ou Mg através dos grupos hidroxilo. O processo de nucleação reduz então os iões metálicos a nanopartículas. A altas temperaturas, o complexo metal-ligante decompõe-se facilmente, libertando óxidos metálicos. As nanopartículas coloidais recentemente preparadas foram utilizadas para preparar pastas de impressão com diferentes formulações (de 2 a 10%).

Uma sërigrafia manual foi ële adotada para realizar os testes de impressão. A formulação das pastas está descrita na Tabela I.11.

Quadro I. 11: Formulação da pasta de impressão (PI)

Componentes	(g/Kg)				Papel
	PI2%	**PI6%**	**PI8%**	**PI10%**	
Alginato de sódio	40	40	40	40	Espessante
Catalisador PAZ	40	40	40	40	Catalisador
Resacryl BD	100	100	100	100	Fichário
Nanopartículas	20	60	80	100	Tinta
Água destilada	800	760	740	720	Solvente
Total	1000	1000	1000	1000	

V.2 Caracterização de materiais impressos por óxidos metálicos

A espetroscopia de IV dos tecidos imprimidos mostra as cara^rísticas dos grupos funcionais dos matëriais celulósicos ëtudiës (Figura I.14). [-1]No espetro de tecidos de algodão não impressos, as bandas observadas a 3303, 2864-2842 e 1312-1195 cm são atribuídas, respetivamente, ao grupo OH do álcool, CH do grupo alifático e C-O do éster [24, 25]. [-1]A banda registada a 1019 cm corresponde a C-O-C [25]. O espetro de matëriais celulósicos impressos com nanopartículas de CuO mostra a existência de picos característicos da celulose com um certo dëplacement das bandas. [-1]O aparecimento de novas bandas a 1728, 1653 cm indica, respetivamente, a presença de C=O do éster e C=C do anel aromático [26, 27]. Isto sugere que as nanopartículas preparadas incorporadas na estrutura celulósica estão cobertas com as biomoléculas do extrato biológico [28].

O mëcanismo que descreve a formação de nanopartículas sugere que os flavonóides, os fënolicos e outros agentes redutores contidos no extrato de cogumelo de malte podem atuar como ligandos. [2+2+2+]Com efeito, os grupos OH destas biomoléculas poderiam reagir com sais de cobre, níquel ou muigitório, formando ligandos com os iões mëtálicos Cu , Ni e Mg . Em segundo lugar, os complexos formados poderiam ligar-se à celulose através dos grupos hidroxilo presentes tanto na celulose como nas biomoléculas dos fungos do malte.

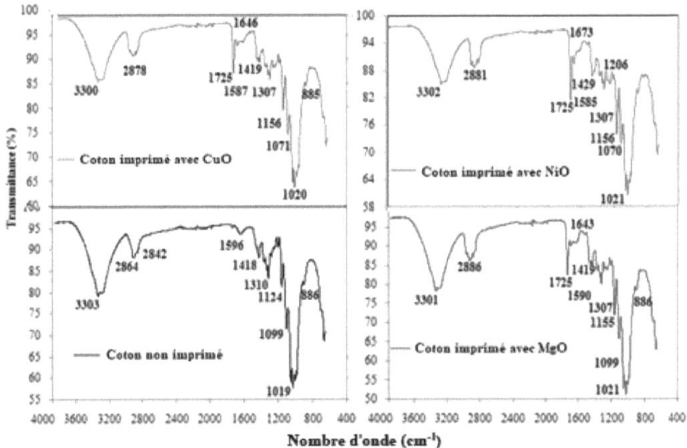

Figura I. 14. Espectros de IV de algodão não impresso, algodão impresso com nanopartículas de óxido de cobre, algodão impresso com nanopartículas de óxido de magnésio e algodão impresso com nanopartículas de óxido de cobre.
algodão impresso com nanopartículas de óxido de cobre, algodão impresso com nanopartículas de óxido de magnésio e algodão impresso com nanopartículas de óxido de níquel.
algodão imprimido com nanopartículas de óxido de níquel.

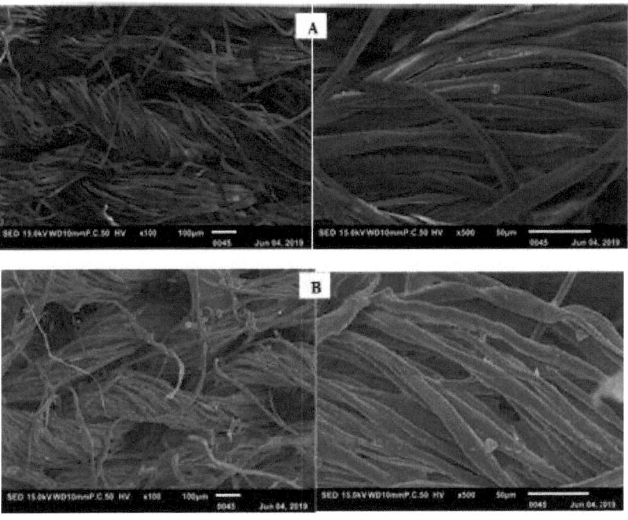

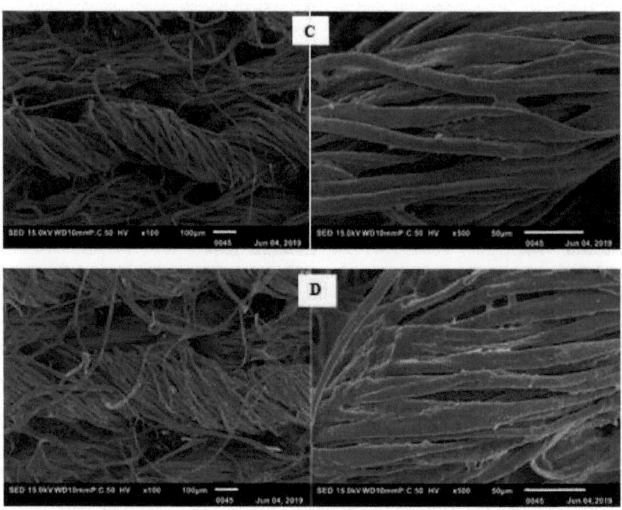

Figura I. 15. Imagens SEM de : (A) algodão não impresso, (B) algodão impresso com nanopartículas de CuO
CuO, (C) algodão impresso com nanopartículas de MgO e (D) algodão impresso com nanopartículas de NiO.

A Figura I.15 mostra fotografias SEM de materiais de celulose impressos com nanopartículas de óxido de cobre, óxido de níquel e óxido de magnésio. Em comparação com o algodão não impresso, foi observada uma alteração na morfologia da superfície das amostras impressas, confirmando a deposição e distribuição das nanopartículas nas suas superfícies.

As análises DRX dos tecidos impressos e não impressos são apresentadas na Figura I.16. Os difractogramas que descrevem o algodão não impresso mostram picos de difração a 29 = 14,8°, 22,5° e 35,6°, que são padrões típicos da celulose I [29]. O difractograma do algodão impresso com nanopartículas de óxido de cobre mostra a presença de picos a 16,6°, 23,7° e 36,9°. Estes picos estavam localizados a 16,2°, 23,4° e 35,1° para o algodão impresso com nanopartículas de óxido de magnésio e apareceram a 15,7°, 22,2° e 33,3° para o algodão impresso com nanopartículas de óxido de níquel. Estas observações confirmam que as nanopartículas estão incorporadas na estrutura da celulose. Estes resultados estão de acordo com os encontrados nas análises de IR e SEM. Os

As semelhanças entre as curvas sugerem que a impressão com óxidos de mëtaШque não afecta a cristalinidade do material celulósico.

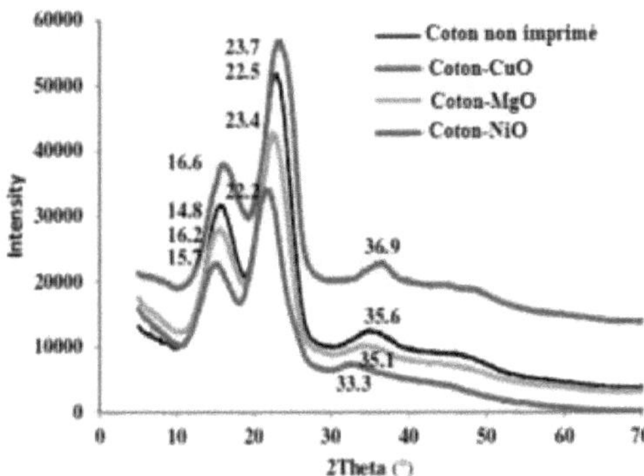

Figura I. 16. Difractogramas de XRD de algodão não impresso, algodão impresso com nanopartículas de óxido de cobre, algodão impresso com nanopartículas de óxido de magnésio e algodão impresso com nanopartículas de óxido de níquel.
algodão impresso com nanopartículas de óxido de cobre, algodão impresso com nanopartículas de óxido de
magnésio e algodão impresso com nanopartículas de óxido de níquel.

V.3. Factores que afectam a impressão

Os tecidos impressos com soluções coloidais de nanopartículas de óxido metálico apresentam uma gama de cores, uma homogeneidade muito boa e um aspeto avermelhado a amarelado (figura I.17). Também se observou que a cor muda consoante o precursor utilizado, a sua concentração na pasta de impressão e o número de passagens de impressão. Para compreender melhor a cor obtida após a impressão, os dados colorimétricos medidos para tecidos impressos com nanopartículas de cobre, níquel e óxido de magnésio foram resumidos na Tabela I.12. Os valores de L* são influenciados pelo aumento das concentrações de nanopartículas. Os valores positivos e baixos de a* e b* das amostras impressas indicam que os tecidos de algodão impressos são vermelhos e amarelos. O valor positivo de a* aumenta progressivamente com o aumento da concentração de nanopartículas, conferindo uma cor avermelhada aos tecidos estudados.

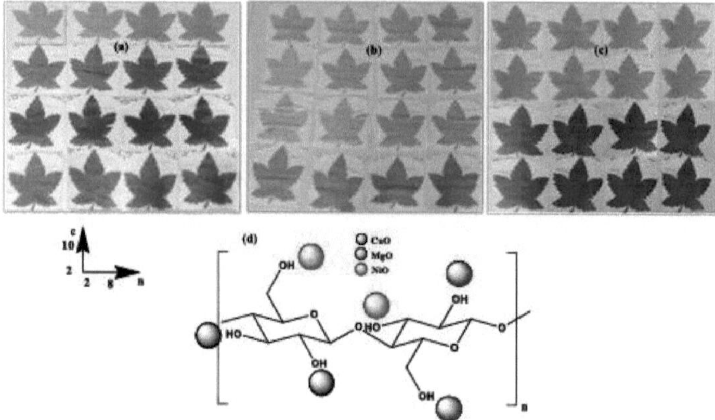

Figura I. 17. Imagens de amostras impressas com: (a) nanopartículas de óxido de cobre, (b) nanopartículas de óxido de magnésio
(a) nanopartículas de óxido de cobre, (b) nanopartículas de óxido de magnésio, (c) nanopartículas de óxido de níquel em função dos ciclos de impressão (da esquerda para a direita), da concentração de nanopartículas de óxido de cobre e da concentração de nanopartículas de óxido de magnésio.
em função dos ciclos de impressão (da esquerda para a direita), concentração de nanopartículas
(d'diagrama que mostra a interação entre a celulose e as nanopartículas preparadas.

Quadro I. 12. Resumo das coordenadas colorimétricas das amostras impressas com nanopartículas de óxido de cobre, nanopartículas de óxido de magnésio e nanopartículas de óxido de níquel.
nanopartículas de óxido de níquel.

	2 passes/concentração				4 passes/Concentração				6 passes/concentração				8 passes/concentração			
	2	5.84	7.9	10	2	5.84	7.9	10	2	5.84	7.9	10	2	5.84	7.9	10
Algodão-CuO																
L*	64.41	47.41	39.49	45.34	62.99	47.76	41.21	45.26	58.20	45.07	36.92	44.25	54.12	40.19	38.46	45.12
a*	6.09	7.37	8.18	8.73	6.43	6.91	7.32	8.06	6.41	7.69	7.65	7.92	6.52	7.98	7.51	7.83
b*	4.48	6.22	8.24	8.21	4.73	5.19	6.12	6.38	4.68	7.11	7.88	6.88	4.75	8..55	6.93	5.95
C*	7.56	9.64	11.61	11.98	7.99	8.64	9.60	10.28	7.94	10.48	10.98	10.49	8.02	11.69	10.22	9.84
h*	36.30	40.14	45.21	43.27	36.35	36.90	40.31	38.38	36.11	42.74	45.83	40.96	38.45	46.97	42.68	37.23
X	33.27	16.77	11.48	15.45	31.67	16.96	12.42	15.29	26.33	15.08	9.94	14.54	23.14	11.88	10.78	15.14
Y	33.31	16.34	10.94	14.78	31.58	16.61	11.99	14.73	23.17	14.59	9.49	14.01	21.78	11.37	10.35	14.62
Z	32.39	14.71	8.97	12.45	30.48	15.42	10.59	13.12	25.12	12.70	7.77	12.25	23.4	9.25	8.82	13.18
x	0.336	0.35	0.365	0.362	0.338	0.346	0.354	0.354	0.339	0.356	0.365	0.356	0.34	0.365	0.36	0.352
y	0.336	0.341	0.348	0.346	0.337	0.339	0.342	0.341	0.337	0.344	0.349	0.343	0.346	0.349	0.345	0.340
Algodão-MgO																
L*	71.96	73.02	62.24	73.44	69.86	68.14	60.97	71.32	69.49	67.03	60.29	67.43	67.92	67.07	58.90	66.98
a*	9.90	9.90	13.30	9.65	10.03	11.12	12.94	10.40	9.65	11.31	12.62	11.40	10.10	10.59	12.97	10.98
b*	4.21	4.31	7.99	4.28	3.79	5.97	7.43	5.02	3.51	5.99	8.21	6.29	3.74	5.22	8.02	6.02
C*	10.76	10.79	15.51	10.56	10.72	12.62	14.92	11.55	10.27	12.80	15.06	13.02	10.77	11.80	15.25	12.52
h*	23.05	23.51	30.99	23.93	20.73	28.24	29.87	25.74	19.97	27.92	33.05	28.90	20.34	26.23	31.74	28.73
X	44.66	46.24	32.67	46.81	41.65	39.60	31.06	43.88	41.02	38.17	30.19	38.74	39.00	38	28.72	38.01
Y	43.60	45.19	30.68	45.84	40.55	38.16	29.21	42.65	40.04	36.67	28.44	37.21	37.87	36.73	26.92	36.61
Z	43	44.53	27.42	45.21	40.26	36.10	26.21	41.35	39.97	34.62	25.16	34.92	37.57	35.27	23.83	34.54
x	0.340	0.340	0.359	0.339	0.340	0.347	0.358	0.343	0.339	0.348	0.360	0.349	0.3408	0.345	0.361	0.348
y	0.332	0.332	0.338	0.332	0.331	0.335	0.337	0.333	0.330	0.337	0.339	0.335	0.331	0.334	0.338	0.335

Algodão-NiO

L*	71.40	53.35	43.14	48.52	65.31	51.10	41.25	45.35	66.50	49.13	47.13	51.23	54.62	62.48	41.02	43.15
a*	8.66	11.88	10.4	9.55	7.63	10.64	9.15	9.80	9.41	11.29	10.23	10.01	8.89	8.80	9.01	7.90
b*	2.68	8.58	7.16	6.36	3.15	7.35	6.22	5.14	4.19	7.90	5.18	7.11	6.80	7.13	6.33	5.68
C*	9.07	14.65	13.14	14.2	9.02	12.93	10.40	9.80	10.30	13.78	11.50	13.10	10.01	11.2	10.80	11.74
h*	17.21	35.83	26.2	31.4	22.85	34.62	27.15	31.45	23.98	35.00	28.23	32.01	24.12	24.45	19.32	23.07
X	43.42	22.77	23.16	22.01	40.69	20.45	33.78	34.12	36.89	18.88	31.74	29.13	35.12	38.18	22.45	31.80
Y	42.78	21.37	35.12	31.45	41.84	19.35	20.8	32.14	35.98	17.70	28.47	26.13	33.45	41.06	34.12	27.14
Z	43.50	18.34	22.14	32.24	40.92	17.06	23.51	21.66	35.30	15.26	23.14	14.78	31.04	24.15	17.26	28.01
x	0.334	0.36	0.35	0.34	0.330	0.3596	0.34	0.36	0.341	0.3643	0.352	0.348	0.337	0.34	0.33	0.36
y	0.329	0.3420	0.33	0.34	0.332	0.34	0.356	0.334	0.332	0.3414	0.34	0.339	0.34	0.328	0.331	0.324

As intensidades de cor foram consideradas no comprimento de onda 480-490 nm para o algodão impresso com as diferentes nanopartículas. Este facto sugere a cor vermelho-vinho das amostras impressas. Os resultados indicam que o aumento da concentração de nanopartículas de 2 para 8% leva a uma melhoria no valor da intensidade da cor das amostras impressas. A uma concentração mais elevada (10%), a intensidade da cor diminui significativamente. Os valores de K/S variam de 0,74 a 1,48, após 08 passagens de impressão, no caso do algodão impresso com nanopartículas de óxido de magnésio. Quando as amostras foram impressas com nanopartículas de óxido de cobre, a intensidade da cor aumentou de 1,3 para 5,95 para concentrações de nanopartículas de 2% e 8% (Figura I.18). De facto, todos estes dados sugerem que a cor das amostras impressas é variável em função da concentração das nanopartículas sintetizadas e do número de passagens de impressão.

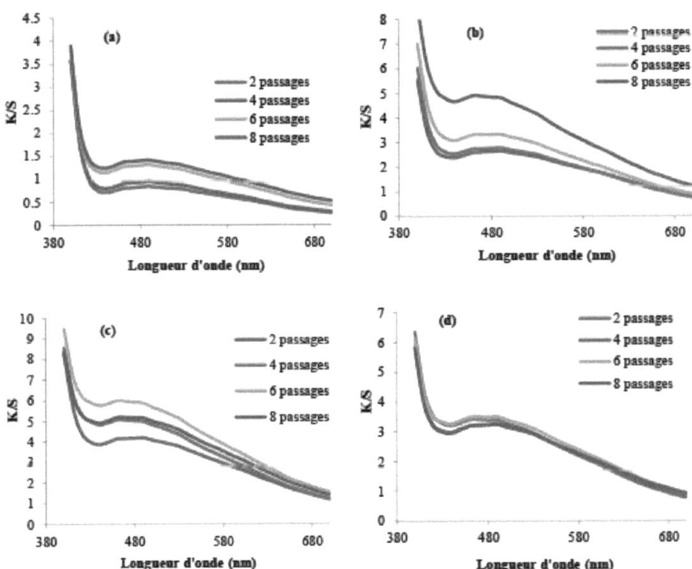

Figura I. 18. Evolução da força de tingimento do algodão impresso em função do número de passagens: (a) algodão-CuO
Passagens: (a) algodão-CuO (2%), (b) algodão-CuO (6%), (c) algodão-CuO (8%), e (d) algodão-CuO (8%).
CuO(10%).

Ao variar a concentração de alúmen, como mordente, de 2 g/L a 20 g/L, a intensidade da cor aumenta e atinge o seu valor máximo a 15 g/L de alúmen. De facto, a possibilidade de formação de um complexo catião-CuO na superfície do tecido de algodão, como barreira estérica, bloqueia a difusão dos colóides através dos grupos OH da celulose. Este achado concorda bem com nossos estudos prëcëdentes anteriores [30, 31] e alguns outros trabalhos que tratam da interação de surfactantes catiônicos com corantes reativos [32] e do tingimento de algodão cationizado com corantes reativos [33]. A baixas concentrações de alúmen, a transparência diminui com o aumento da concentração de nanopartículas, o que sugere que as amostras impressas se tornam mais coloridas. Os valores crescentes de a* em função da concentração de alúmen indicam a cor avermelhada do ëcHaтШоиз. O aumento dos valores de b* indica que a cor das amostras é mais amarela.

V.4 Resultados da lavagem e da solidez por fricção

Os resultados de resistência à fricção para as amostras ëtudiës são rësumësed na Tabela I.13. Os dados indicam que todos os tecidos impressos têm excelentes resistências à fricção. Os resultados obtidos sugerem a capacidade do método desenvolvido para dar tecidos coloridos com boas características de solidez sem o uso de outros aditivos. A tabela I.14 resume os resultados de resistência à lavagem das amostras impressas com nanopartículas de óxido de cobre, óxido de magnésio e óxido de níquel. Registámos também excelentes resultados de resistência à lavagem para todos os materiais estudados. Este facto explica mais uma vez a capacidade das nanopartículas sintetizadas para se ligarem fortemente ao material celulósico.

Quadro I. 13: Resistência à fricção de tecidos estampados com nanopartículas de óxido de cobre, óxido de magnésio e óxido de níquel

óxido de cobre, óxido de magnésio e nanopartículas de óxido de níquel

Amostras	Estado Seco	Estado Húmido	Amostras	Estado Seco	Húmido	Amostras	Estado Seco	Húmido
Cot-CuO [2] 2P	5	4/5	Cot-MgO [2] 2P	5	5	Cot-NiO [2] 2P	5	5
Cot-CuO [2] 4P	5	4/5	Cot-MgO [2] 4P	5	5	Cot-NiO [2] 4P	5	5
Cot-CuO [2] 6P	5	4/5	Cot-MgO [2] 6P	5	5	Cot-NiO [2] 6P	5	5
Cot-CuO [2] 8P	5	4	Cot-MgO [2] 8P	5	5	Cot-NiO [2] 8P	5	5
Cot-CuO [6] 2P	5	4	Cot-MgO [6] 2P	5	5	Cot-NiO [6] 2P	5	5
Cot-CuO [6] 4P	5	4/5	Cot-MgO [6] 4P	5	5	Cot-NiO [6] 4P	5	5
Cott-Cu [6] 6P	5	4/5	Cot-MgO [6] 6P	5	4/5	Cot-NiO [6] 6P	5	4/5
Cot-CuO [6] 8P	5	4	Cot-MgO [6] 8P	5	5	Cot-NiO [6] 8P	5	5
Cot-CuO [8] 2P	5	74	Cot-MgO [8] 2P	5	4/5	Cot-NiO [8] 2P	5	4/5
Cot-CuO [8] 4P	5	4/5	Cot-MgO [8] 4P	5	4/5	Cot-NiO [8] 4P	5	4/5
Cot-CuO [8] 6P	4	7	Cot-MgO [8] 6P	5	5	Cot-NiO [8] 6P	5	5
Cot-CuO [8] 8P	5	4/5	Cot-MgO [8] 8P	5	5	Cot-NiO [8] 8P	5	5
Cot-CuO [10] 2P	5	4	Cot-MgO [10] 2P	5	5	Cot-NiO [10] 2P	5	5
Cot-CuO [10] 4P	5	4/5	Cot-MgO [10] 4P	5	4/5	Cot-NiO [10] 4P	5	4/5
Cot-CuO [10] 6P	5	4/5	Cot-MgO [10] 6P	5	4/5	Cot-NiO [10] 6P	5	4/5
Cot-CuO [10] 8P	5	4/5	Cot-MgO [10] 8P	5	4/5	Cot-NiO [10] 8P	5	4/5

Cada experiência representa a média de três ensaios.

Tabela I. 14. Resistência à lavagem de tecidos estampados com nanopartículas de óxido de cobre, óxido de magnésio e óxido de níquel.

Amostras	Solidariedade face à degradação Algodão	Lã	Degorgement Algodão	Lã	Amostras	Solidariedade face à degradação Algodão	Lã	Degorgemento Algodão	Lã
Cot-CuO [2] 2P	5	5	5	4/5	Cot-MgO [2] 2P	5	5	5	5

Cot-CuO [2] 4P	5	5	5	4/5	Cot-MgO [2] 4P	5	5	5	5
Cot-CuO [2] 6P	5	5	5	4/5	Cot-MgO [2] 6P	5	5	5	5
Cot-CuO [2] 8P	5	5	5	4/5	Cot-MgO [2] 8P	5	5	5	5
Cot-CuO [6] 2P	5	5	5	4/5	Cot-MgO [6] 2P	5	5	5	5
Cot-CuO [6] 4P	5	5	5	4/5	Cot-MgO [6] 4P	5	5	5	5
Cot-CuO [6] 6P	5	5	5	4/5	Cot-MgO [6] 6P	5	5	5	5
Cot-CuO [6] 8P	5	5	5	4/5	Cot-MgO [6] 8P	5	5	5	5
Cot-CuO [8] 2P	5	5	5	4/5	Cot-MgO [8] 2P	5	5	5	5
Cot-CuO [8] 4P	5	5	5	4/5	Cot-MgO [8] 4P	5	5	5	5
Cot-CuO [8] 6P	5	5	5	4/5	Cot-MgO [8] 6P	5	5	5	5
Cot-CuO [8] 8P	5	5	5	4/5	Cot-MgO [8] 8P	5	5	5	5
Cot-CuO [10] 2P	5	5	5	4/5	Cot-MgO [10] 2P	5	5	5	5
Cot-CuO [10] 4P	5	5	5	4/5	Cot-MgO [10] 4P	5	5	5	5
Cot-CuO [10] 6P	5	5	5	4/5	Cot-MgO [10] 6P	5	5	5	5
Cot-CuO [10] 8P	5	5	5	4/5	Cot-MgO [10] 8P	5	5	5	5

Amostras	Solidariedade face à degradação		Degorgement	
Cot-NiO [2] 2P	5	5	5	5
Cot-NiO [2] 4P	5	5	5	5
Cot-NiO [2] 6P	5	5	5	5
Cot-NiO [2] 8P	5	5	5	5
Cot-NiO [6] 2P	5	5	5	5
Cot-NiO [6] 4P	5	5	5	5
Cot-NiO [6] 6P	5	5	5	5
Cot-NiO [6] 8P	5	5	5	5
Cot-NiO [8] 2P	5	5	5	5
Cot-NiO [8] 4P	5	5	5	5
Cot-NiO [8] 6P	5	5	5	5
Cot-NiO [8] 8P	5	5	5	5
Cot NiO [10] 2P	5	5	5	5
Cot-NiO [10] 4P	5	5	5	5
Cot-NiO [10] 6P	5	5	5	5
Cot-NiO [10] 8P	5	5	5	5

V.4. Atividade antimicrobiana de tecidos estampados com os óxidos metálicos CuO, MgO e NiO

Os resultados apresentados na Figura I.17 e na Tabela I.19 mostram que todos os tecidos impressos tiveram atividade biológica contra as estirpes estudadas: S. aureus ATCC 29213, S. typhi Wild e C. albicans ATCC 60193. O algodão-NiO mostrou uma elevada atividade contra S. typhi Wild (células viáveis apenas 11,7% após 2 h). S. aureus ATCC 29213 foi altamente resistente tanto ao algodão-MgO como ao algodão-NiO (células viáveis 85%). A análise confirmou que a atividade biológica de todos os produtos se baseia no tipo de micróbio e que todos os produtos são capazes de reduzir o número total de micróbios viáveis testados nas suas suspensões microbianas, mas com uma eficácia diferente. Num estudo realizado por Ruparelia et al [34], foi referido que a sensibilidade microbiana às nanopartículas de prata e de cobre varia consoante o tipo de microrganismo. A investigação atual sobre as nanopartículas metálicas e as suas aplicações confirmou, de um modo geral, que a dimensão das partículas é essencial para a atividade antimicrobiana das nanopartículas metálicas [35,36].

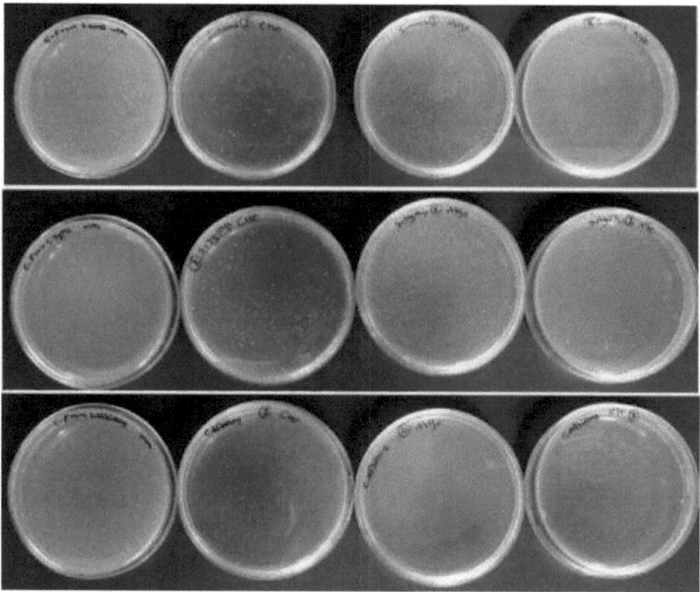

Figura I. 19. Fotografias de amostras com atividade antimicrobiana contra: (a) Salmonella aureus, (b) Salmonella typhi Wild, e (c) Candida albicans.

Quadro I. 15. Eficácia dos tecidos impressos na redução do número de células bacterianas viáveis [Percentagem de bactérias viáveis (%)].

Amostras impressas	Micro-organismo	% de desconto
	Staphylococcus aureus ATCC 29213	44.9
Algodão-CuO	*Salmonella typhi* Estirpe selvagem	49.5
	Candida albicans ATCC 60193	58.8
	Staphylococcus aureus ATCC 29213	85.3
Algodão-MgO	*Salmonella typhi* Estirpe selvagem	46.9
	Candida albicans ATCC 60193	30.7
	Staphylococcus aureus ATCC 29213	91
Algodão-NiO	*Salmonella typhi* Estirpe selvagem	11.7
	Candida albicans ATCC 60193	51.1

Conclusão

Em resumo, propusemos novos materiais de tingimento derivados de fungos de nogueira e malta para o tingimento de materiais têxteis. Os resultados mostraram a importância dos produtos estudados em termos de composição química e desempenho de tingimento. Também foi desenvolvida, pela primeira vez, uma rota fácil e ecológica para fornecer materiais de celulose impressos antimicrobianos. Os resultados da espetroscopia de IV, SEM e XRD confirmaram o sucesso do método na obtenção de uma impressão. A intensidade da cor depende da natureza do metal estudado e da sua concentração. A resistência à lavagem e à fricção são excelentes. As actividades biológicas dos tecidos impressos com os três tipos de nanopartículas estudados mostraram a sua capacidade de reduzir o número total viável de estirpes de Staphylococcus aureus, Salmonella typhi e Candida albicans nas suas suspensões microbianas. Em resumo, a conceção e a síntese propostas neste estudo podem criar novos materiais para alargar as aplicações ecológicas inovadoras. Uma vez que esta técnica pode exibir múltiplas propriedades sem a utilização de produtos químicos auxiliares, pode ser considerada um desafio.

Capítulo 2

Funcionalização de certos biomateriais derivados de resíduos marinhos e vegetais
para aplicações de tratamento de resíduos de corantes:
adsorção de corantes catiónicos e aniónicos

Introdução

Nesta secção, estamos interessados em descrever as modificações químicas que envolvem a adição de grupos amina a materiais derivados da biomassa local. Exploramos quitosano de cascas de camarão, cascas de amêndoa secas, membranas celulósicas que cobrem caroços de tâmaras e fibras de sementes de oleandro. Os ëtudiës são caracterizados por técnicas analíticas e utilizados para a adsorção de diferentes classes de corantes. A construção de modelos cinéticos de pseudo-primeira ordem, pseudo-segunda ordem, Elovich, difusão intra-partícula, e a aplicação dos modelos de Langmuir, Freundlich, Temkin e Dubinin-Radushkevich são descritos. É também efectuada uma investigação termodinâmica.

A cationização é uma das modificações mais importantes que é realizada principalmente para melhorar a afinidade em relação a substâncias com um carácter aniónico. Nesta parte do estudo, a sílica amínica, a hidrazina, a etilenodiamina, o quitosano e um copolímero de dimetil-dialil-amónio-cloreto-dialilamina foram utilizados para funcionalizar os materiais estudados.

I. Lembrete: cinética e isotérmicas de adsorção

O processo de adsorção é regido por várias forças físico-químicas que ocorrem na interface adsorvato-adsorvente, tais como as forças de Van der Waals, as ligações de hidrogénio e as interacções hidrofóbicas. O processo de adsorção depende de vários parâmetros que podem afetar a quantidade de soluto adsorvido e a cinética de adsorção. Estes factores incluem a estrutura do adsorvente, as propriedades do adsorvato, o valor do pH, a temperatura e o tempo de contacto. A cinética de adsorção pode ser utilizada para determinar o tempo necessário para atingir o equilíbrio de adsorção entre o adsorvato e o adsorvente. Também esclarece o modo de transferência entre as fases líquida e sólida e a natureza do mecanismo de adsorção. Na literatura, foram descritas várias equações cinéticas para avaliar a cinética de adsorção. O Quadro II.1 apresenta um resumo das equações cinéticas mais frequentemente utilizadas na literatura para descrever a cinética de adsorção.

Quadro II. 1: Resumo das equações cinéticas utilizadas para descrever a adsorção adsorção

Equation cinétique	Equation	Forme linéaire	Réference
Pseudo-premier ordre	$\dfrac{dq_t}{dt} = k_1(q_e - q_t)$	$\log(q_e - q_t) = \log q_e - K_1 t$	[37]
Pseudo-second ordre	$\dfrac{dq_t}{dt} = k_2(q_e - q_t)^2$	$\dfrac{t}{q_t} = \dfrac{1}{K_2 q_e^{\,2}} + \dfrac{t}{q_e}$	[38]
Equation d'Elovich	$\dfrac{dq_t}{dt} = \alpha e^{-\beta q_t}$	$q_t = \dfrac{1}{\beta} Ln\,(\alpha\beta) + \dfrac{1}{\beta} Ln\,t$	[39]
Diffusion intra-particulière	$q_t = k_i\,t^{1/2}$	$q_t = k_i\,t^{1/2}$	[40]

Equação cinegética	Equação	Forma linear	Referência
Pseudo-primeira ordem			
Pseudo-segunda ordem			
Equação de Elovich			
Difusão intra-partícula			

q_e é a capacкë de adsorção (mg g^{-1}) no equilíbrio, q_t, é a capacкë de adsorção (mg g^{-1}) no tempo t, k1 é a constante de velocidade de primeira ordem (L min^{-1}). k2 é a constante de velocidade de segunda ordem (g mg^{-1} min^{-1}), a é a constante de adsorção inicial (mg g^{-1} min^{-1}), e β é a constante de dessorção (mg g^{-1} min^{-1}).

No que respeita às isotérmicas de adsorção, as de Langmuir, Freundlich, Temkin e Dubinin-Redushkevich são as mais utilizadas e foram propostas para compreender o processo de adsorção. A Tabela II.2 resume estas equações teóricas e as suas formas lineares.

Quadro II. 2. Resumo das equações das isotermas de Langmuir, Freundlich, Temkin e Dubinin-Redushkevich

Isotherme	Equation	Linéarisation	Réference
Langmuir	$\dfrac{q_e}{q_m} = \dfrac{K_L c_e}{1+K_L c_e}$	$\dfrac{c_e}{q_e} = \dfrac{1}{q_{m.L} K_L} + \dfrac{c_e}{q_{m.L}}$	[41]
Freundlich	$q_e = K_F + c_e^{\left(\frac{1}{n}\right)}$	$\ln q_e = \ln K_F + \left(\dfrac{1}{n}\right) L \ln c_e$	[42]
Temkin	$q_e = B_T \cdot Ln(A_T \cdot C_e)$	$q_e = B_T Ln(A_T) + B_T Ln(C_e)$	[43]
Dubinin-Redushkevich	$q_e = q_{m.DR} \cdot e^{-B\varepsilon^2}$	$Ln(q_e) = Ln(q_{m.DR}) - E\varepsilon^2$	[44]

Isotérmico	Equação	Linearização	Referência
Langmuir			
Freundlich			
Temkin			
Dubinin-Redushkevich			

q_e é a concentração do adsorvato (mg g^{-1}),

c_e é a concentração de adsorbato no banho residual (mg L^{-1}), K_L é a constante de Langmuir (L mg^{-1}), n é um fator hëtërogënëitë, k_F é a capacidade de adsorção [mg g^{-1} (L mg^{-1})$^{1/n}$], E é a energia média de adsorção (mol kJ^{-1}), e ε é o potencial de adsorção.

II. Funcionalização do quitosano com amino-sílica

II.1. Síntese de esferas esféricas de quitosano funcionalizadas

O quitosano (grau de dëacëtilação = 72,5%) foi ële dissolvido numa solução aquosa de ácido acético a 2% (p/v) sob agitação magnética contínua durante 4 horas. De seguida, adicionou-se uma massa da sílica ami^e [1:1(w/w)] cuja estrutura química está descrita na Figura II.1a [4-metil-2-(naftalen-2-il)-*N-propilpentanamida-etoxi-sílica*]. A solução viscosa foi agitada durante 24 h para evitar a formação de bolhas de ar no seu interior. Finalmente, foi transferida gota a gota para uma solução aquosa de NaOH (2M) através de uma micropipeta, utilizando uma bomba përistáltica. As esferas esféricas foram ële imëdiatamente produzidas (Figura II.1b,c). O mesmo procëdure tem ële eiTectuc'e para a preparação de esferas de quitosana unmodiëed, exceto que não há adição de sílica.

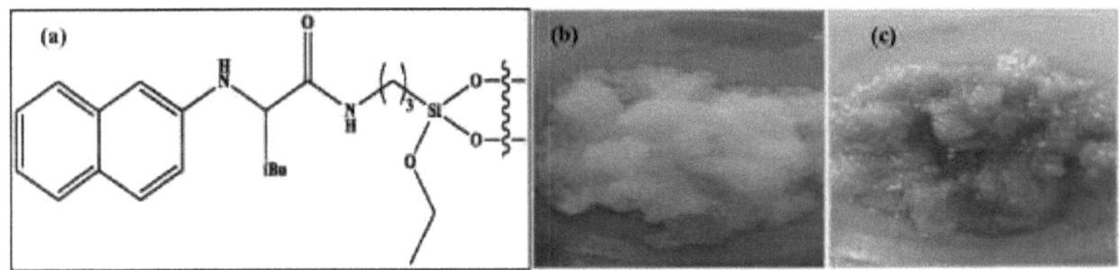

Figura II. 1: (a) Estrutura química da sílica ami^e, (b) Fotografias de pérolas de quitosano
não modificadas e (c) funcionalizadas.

(c) Contas de quitosano modificadas e (d) funcionalizadas.

II.2 Caracterização química das pérolas de quitosano funcionalizadas

[-1]Os espectros da sílica diluída, do quitosano e das esferas de quitosano-sílica são
apresentados na Figura II.2. No espetro da sílica diluída, a banda a 3420 cm indica a presença
de grupos Si-OH O-H. [-1]A banda de deformação a cerca de 1626 cm é atribuída ao grupo N-
H. [-1]A banda a 1058 cm é atribuída à vibração de estiramento de Si-O- Si. [-1]As bandas
observadas a 762 e 450 cm correspondem às vibrações de simetria e dëformação dos grupos
Si - O - Si na sílica [45]. [-1]O espetro do quitosano apresenta uma banda a 3537 cm que é
atribuída aos grupos amina e hidroxilo do polimëre. [-1]As bandas em 30142920 cm são devidas
a vibrações C-H. [-1]A banda observada a cerca de 1656 cm corresponde à amida I [46]. [-1]A
banda a 1460 cm corresponde a uma deformação simétrica dos grupos CH3. [-1]A banda
registada a 1134 cm é atribuída a uma vibração de estiramento C-O ë.

[-1] O espetro de IV das pérolas de sílica-quitosano mostra o aparecimento de uma banda a 1676
cm, que é caraterística dos grupos carboxilo (C=O) na amina-silica. [1]A deslocação da banda
C-O no quitosano de 1134 cm' para 1124 cm'[1sugere] a interação entre o polímero e a sílica. [1-1]A
banda dos grupos OH passou de 3537 cm' (quitosano puro) para 3539 cm (sílica-quitosano).

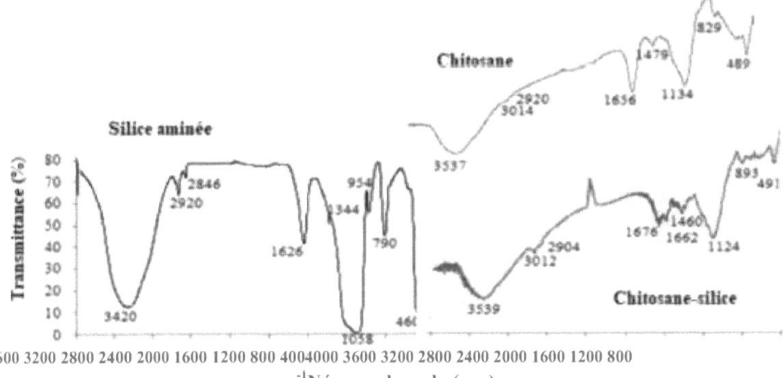

Figura II. 2. Espectros de IV da amino-sílica, do quitosano puro e do quitosano-sílica.

A estrutura das esferas de quitosano e de quitosano-sílica é porosa e rugosa (Figuras II.3,4).
Estas características morfológicas indicam que estas esferas podem ser utilizadas para a
adsorção de poluentes. A imobilização da sílica amimética na superfície do quitosano dá
origem a esferas mais esféricas (Figura II.4a). Este resultado comprova a ^Të^^^ da
resistência mecânica dos materiais resultantes após modificação química. As partículas de
sílica estão homogeneamente dispersas na superfície do quitosano, sugerindo uma boa adesão
cntrc o biopolímcro c a sílica.

Figura II. 3. Imagens SEM de pérolas não modificadas: (a) x 1 mm, (b) x 100 e (c) x 200.

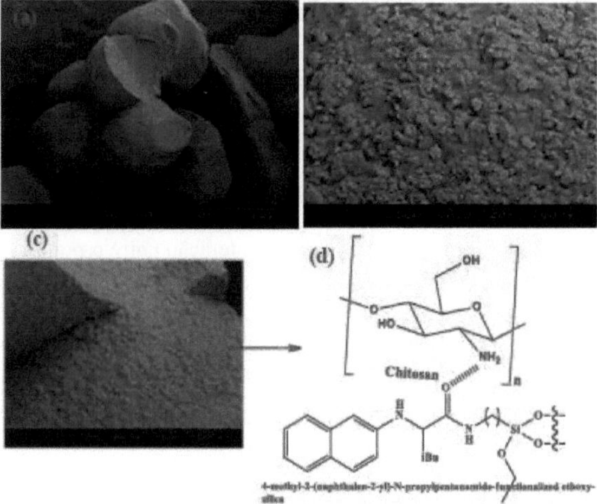

Figura II. 4. Imagens SEM de pérolas funcionalizadas: (a) x 1 mm, (b) x 100 e (c) x 200, e (d) um mecanismo que mostra a interação entre as moléculas de quitosano e a sílica aminada.

II.3. Aplicação de esferas de quitosano para adsorção de corantes

Tem sido relatado que o mecanismo de adsorção depende de uma série de condições experimentais. Estudamos, aqui, os efeitos dos paramëtres de pH, tempo de contacto, concentração inicial de corante e tempëratura na adsorção dos corantes acid Blue 25 (AB25) e тёЛу^ие blue (BM).

A quantidade adsorvida do corante AB25 é mais elevada a pH = 5 (Figura II.5a). ¯Em condições ácidas, os grupos amina do biopolímero estão protonados, o que favorece a sua interação com os grupos SO_3 do AB25. ¯A um pH mais elevado, a adsorção do AB25 na superfície das esferas diminui porque, nestas condições, há mais OH na solução, causando repulsão entre as entidades [47]. Em condições alcalinas, os grupos amina não estão protonados e a interação entre o AB25 e o adsorvente envolve forças de Van Der Waals [48]. No caso do BM, a quantidade máxima adsorvida foi obtida a pH = 6 (Figura II.5b). De facto, o corante catiónico dissolveu-se na água, libertando cargas positivas. Por conseguinte, em condições ácidas, a superfície do adsorvente com cargas positivas opõe-se à adsorção das moléculas catiónicas do BM. À medida que o pH da solução aumenta, a superfície torna-se carregada negativamente. A adsorção do BM torna-se assim mais importante devido ao aumento das forças electrostáticas entre as cargas positivas do corante e as cargas negativas das esferas.

A adsorção dos dois corantes na presença das esferas é máxima após 120 minutos. Após 10 minutos, verifica-se uma rápida adsorção das moléculas de AB25 (Figura II.5c). Este facto pode ser explicado pela disponibilidade imediata de um grande número de locais de adsorção durante esta primeira fase. A diferença de capacidade de adsorção entre o corante aniónico e o corante catiónico (figura II.5d) explica-se pela diferença dos grupos de ligação das duas moléculas de corante e das suas interacções químicas com os grupos reactivos dos adsorventes. Com efeito, os principais grupos característicos das esferas são os átomos de azoto e de oxigénio. Além disso, o AB25 é rico em átomos dadores na sua estrutura química. Este facto faz com que as moléculas AB25 sejam melhor adsorvidas do que as moléculas BM. A figura II.5e, d mostra que a capacidade de adsorção das pérolas funcionalizadas com sílica aumenta consideravelmente com a concentração inicial do corante. Este comportamento é justificado pelo número de sítios activos acessíveis para adsorção durante esta fase. A concentrações mais elevadas de corante, a capacidade de adsorção abranda e estabiliza. Este facto sugere que os espaços intersticiais dos adsorventes estão saturados. De facto, a adsorção pode ocorrer de forma sincronizada na superfície e no interior das esferas. A adsorção de BM também melhorou utilizando as pérolas de quitosano funcionalizadas, devido à adição de grupos amina da amina de sílica que estão imobilizados no biopolímero. A quantidade de BM adsorvida pelas pérolas funcionalizadas (0,65 mg/g húmido) é aproximadamente três vezes superior à registada para as pérolas não funcionalizadas (0,23 mg/g húmido).

A quantidade máxima adsorvida é também afetada pela alteração da temperatura de reação e diminui à medida que o valor da temperatura aumenta (Figura II.5g-j). A interação entre as esferas, AB25 e BM é, portanto, exotérmica. Este facto indica que o mecanismo de adsorção é mais favorável à temperatura ambiente.

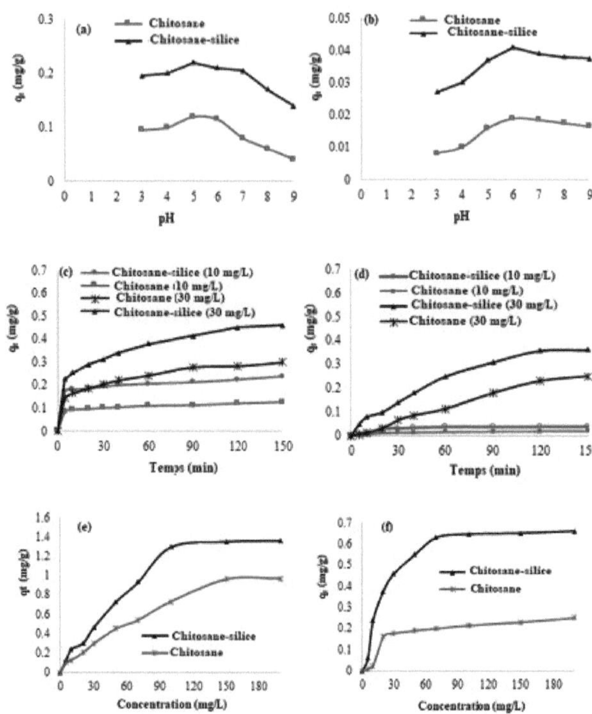

Figura II. 5 (a) Efeito do pH na adsorção de AB25 (C0 = 10 mg/L, T = 20°C), (b) Efeito do pH na adsorção de BM (C0 = 10 mg/L, T = 20°C), (c) Efeito da cinética na adsorção de AB25, (d) Efeito da cinética na adsorção, (e) Efeito da concentração

A adsorção de ambos os corantes foi ëtudiëe analisada pelas ëquações cinéticas teóricas de pseudo-primeira ordem, pseudo-segunda ordem, Elovich e difusão intra-partícula [49, 50]. Os paramëtros cinéticos foram agrupados nas Tabelas II.3, 4. [2]Os elevados coeficientes de correlação (R > 0,99) obtidos no caso da adsorção de AB25 indicam que os dados cinéticos são consistentes com o modelo de pseudo-segunda ordem. Este facto sugere que a adsorção do AB25 é química [49, 50]. Por outro lado, a adsorção do BM correlaciona-se bem com a pseudo-primeira ordem para o quitosano não funcionalizado e concorda bem com a pseudo-segunda ordem para as pérolas funcionalizadas. Este resultado pode ser explicado pela diferença nas estruturas químicas do AB25 e do BM e também pelos grupos funcionais presentes nas pérolas de quitosano. A Figura II.1 prevê algum tipo de interação provável entre o quitosano, a amina-sílica, o AB25 e o BM. De facto, as moléculas de quitosano poderiam interagir com a sílica através dos grupos amina presentes nas suas estruturas por meio de ligações de hidrogénio. Na solução colorida, o complexo quitosano-sílica pode interagir com o corante AB25 por ligações de hidrogénio, devido à presença de oxigénio e azoto na molécula do corante, ou por interação eletrostática, devido à presença dos grupos aniónicos sulfonados do AB25 e dos grupos amina do quitosano. As moléculas de BM podem reagir com as pérolas funcionalizadas através de uma ligação de hidrogénio.

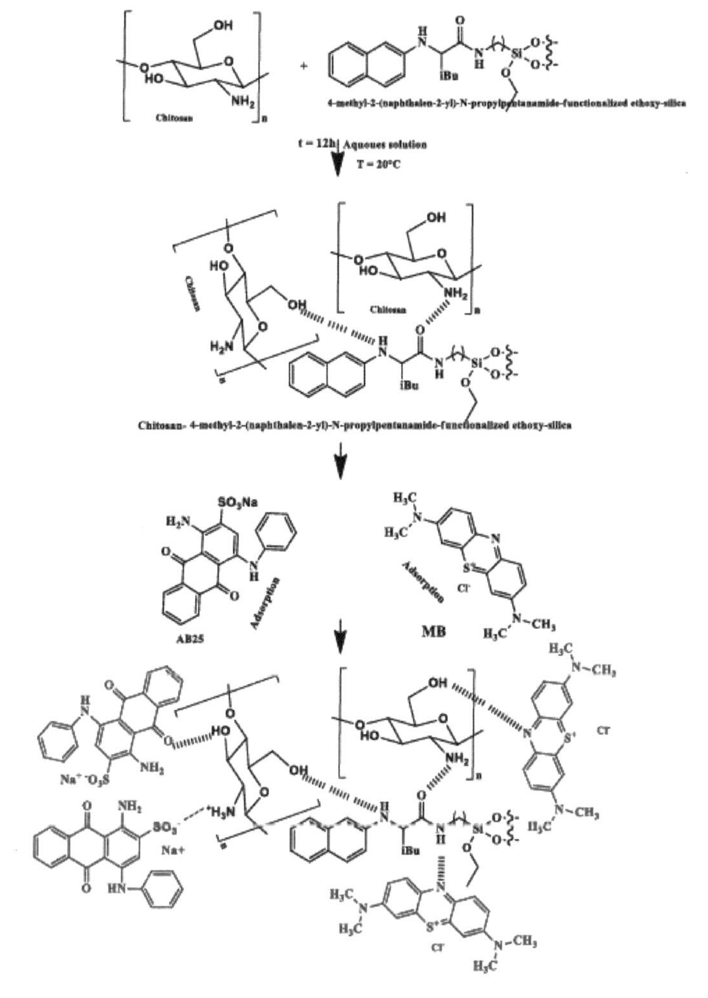

Esquema **II.1.** Mecanismo provável de interação entre as moléculas de quitosano moléculas de quitosano, sílica aminada, corantes AB25 e MB

Para descrever a interação entre as esferas de quitosano, AB25 e BM, os dados foram analisados através das isotérmicas de Langmuir, Freundlich, Temkin e Dubinin [51, 52] (tabelas

II.3,4). Todos os valores de n estão entre 1 e 2 indicando que o phënomëne de adsorção de ambos os corantes é favorável [53]. As constantes de energia de adsorção (B), dëterminëed da isoterma de Temkin, diminuem com o aumento da tempëratura. Isto está de acordo com a diminuição da quantidade adsorvida de corante com o aumento da tempëratura. Esta constatação é ëambém apoiada pelos valores negativos de entalpia. $^{-1}$Os valores médios de energia livre, calculados a partir da liquidação de Dubinin, variam de 74,53 a 223,61 Kj. mol . $^{-1}$ Esses valores são maiores que 40 Kj. mol sugerindo um mecanismo químico [54]. Os valores de AS° são negativos, indicando uma redução da aleatoriedade na interface sólido-solução [55].

Tabela II. 3: Resumo das constantes cinéticas, parâmetros de Langmuir, Freundlich e Temkin para a adsorção de BM e AB25 (quitosano não funcionalizado).

BM

Equações cinéticas	Constantes	10 mg/L	30 mg/L
Pseudo-primeira ordem	$^{-1}$K1 (min-)	0.008	0.008
	$^{-1}$q(mg-g)	0.017	0.341
	R^2	0.98	0.94
Pseudo-segunda ordem	K2	0.788	0.0041
	Q	0.026	0.58
	H	0.0005	0.0014
	R^2	0.88	0.227
Elovich	^{11}o(mg.g'.min')	0.0015	0.0067
	^{1}ß (mg.g-1.min-)	200	14.28
	R^2	0.99	0.88
Difusão intra-partícula	$^{11/2}$K(mg.g .min)	0.001	0.023
	R^2	0.93	0.94

Isotérmicas	Parâmetros	20	40	60
Langmuir	$^{-1}$(qm mg.g)	0.236	0.2	0.185
	^{1}KL (L. g)	0.091	0.097	0.06
	R^2	0.99	0.99	0.99
Parâmetros termodinâmicos	^{1}AH° (KJ mol')		-8.2	
	^{1}AS° (J mol')		-47.17	
	^{1}AG° (KJ mol')	5.62	6.56	7.5
Freundlich	$^{-1}$KF(L.g)	0.048	0.033	0.028
	n	1.236	1.443	1.32
	R^2	0.74	0.6	0.67
Temkin	B	0.061	0.045	0.044
	$^{-1}$A(L.g)	0.317	0.561	0.394
	R^2	0.86	0.87	0.9
Dubinin	qd	0.185	0.183	0.154
	E	158.11	223.16	223.16
	R^2	0.86	0.99	0.99

AB25

Equações cinéticas	Constantes	10 mg/L	30 mg/L
Pseudo-primeira ordem	$^{-1}$KI (min)	0.007	0.008
	$^{-1}$q(mg.g)	0.059	0.205
	R^2	0.867	0.963
Pseudo-segunda Orre	K2	1.19	0.242
	Q	0.127	0.317
	H	0.019	0.024
	R^2	0.99	0.99
Elovich	$^{-1-1}$o(mg.g .min)	2.57	0.136
	$^{-1-1}$ß (mg.g .min)	90.9	21.27
	R^2	0.96	0.97
Difusão intra-partícula	$^{11/2}$K(mg.g .min)	0.007	0.021
	R^2	0.66	0.88

Isotérmicas	Parâmetros	20	40	60
Langmuir	$^{-1}$qm(mg.g)	1.7	1.65	1.1
	$^{-1}$KL(L. g)	0.007	0.0043	0.005
	R^2	0.96	0.99	0.98
Parâmetros termodinâmicos	$^{-1}$AH° (KJ mol)		-7.089	
	$^{-1}$AS° (J mol)		-66.25	
	$^{-1}$AG° (KJ mol)	12.32	13.64	14.97
Freundlich	$^{-1}$Kr(L.g)	0.0297	0.0021	0.0026
	n	1.474	0.84	0.912
	R^2	0.99	0.95	0.93
Temkin	B	0.258	0.213	0.157
	$^{-1}$A(L.g)	0.159	0.028	0.127
	R^2	0.9	0.91	0.946
Dubinin	qd	0.33	0.49	0.274
	E	158.11	223.61	158.11
	R^2	0.78	0.54	0.81

Tabela II. 4: Resumo das constantes cinéticas, Langmuir, Freundlich e Temkin para a adsorção de BM e AB25 (quitosano funcionalizado).

BM

Equações cinéticas	Constantes	10 mg/L	30 mg/L
Pseudo-primeira ordem	$^{-1}$KI (min)	0.010	0.011
	$^{-1}$q(mg.g)	0.027	0.439
	R^2	0.90	0.96
Pseudo-segunda ordem	K2	0.767	0.154
	Q	0.05	0.49
	H	0.0019	0.037
	R^2	0.95	0.99
Elovich	$^{-1-1}$o(mg.g .min)	0.0048	0.0205
	$^{-1-1}$ß (mg.g .min)	90.9	9.9
	R^2	0.88	0.93
Difusão intra-partícula	$^{11/2}$K(mg.g .min)	0.003	0.032
	R^2	0.8	0.98

Isotérmicas	Parâmetros	20	40	60
Langmuir	$^{-1}$qm (mg.g)	0.725	0.617	0.554
	$^{-1}$KL (L. g)	0.06	0.058	0.055
	R^2	0.99	0.99	0.99
Parâmetros termodinâmicos	$^{-1}$AH° (KJ mol)		-1.75	
	AS° (J mol 1)		-29.34	
	$^{-1}$AG° (KJ mol)	6.84	7.42	8.016
Freundlich	$^{-1}$KF(L.g)	0.045	0.032	0.02
	n	1.766	1.647	1.608
	R^2	0.78	0.76	0.77
Temkin	B	0.166	0.144	0.13
	$^{-1}$A(L.g)	0.417	0.389	0.371
	R^2	0.943	0.934	0.934
Dubinin	qd	0.6	0.48	0.43
	E	223.6	223.6	223.6

Equações cinéticas	Constantes	Concentração de corante		Isotérmicas	Parâmetros	Temperatura (°)		
		10 mg/L	30 mg/L			20	40	60
					R^2	0.96	0.96	0.956
Pseudo-primeira ordem	$^{-1}K_i$ (min)	0.009	0.009		$(_{qm}$ mg.g$^{-1)}$	2.092	1.43	1.08
	q(mg.g$^{4)}$	0.109	0.327	Langmuir	$^{-1}K_L$(L. g)	0.012	0.011	0.01
	R^2	0.82	0.97		R^2	0.934	0.989	0.983
Pseudo-segundo Encomendar	$K2$	0.725	0.154	Parâmetros termodinâmica	$^{-1}AH°$ (KJ mol)		-3.68	
	Q	0.237	0.49		$AS°$ (J mol^{-1})		-49.33	
	H	0.04	0.037		$^{-1}AG°$ (KJ mol)	10.76	11.75	12.74
	R^2	0.99	0.99		$^{-1}K_r$(L.g)	0.045	0.0324	0.0196
Elovich	^{-1-1}o(mg.g .min)	31.65	0.234	Freundlich	n	1.456	1.456	1.372
	$^{-1-1}ß$ (mg.g .min)	58.82	13.88		R^2	0.974	0.976	0.963
	R^2	0.92	0.97		B	0.387	0.264	0.196
Difusão intra-partícula	$^{11/2}K$(mg.g .min)	0.013	0.032	Temkin	^{-1}A(L.g)	0.172	0.181	0.179
	R^2	0.6	0.88		R^2	0.923	0.958	0.973
				Dubinin	qd	0.8	0.57	0.43
					E	223.61	223.62	74.53
					R^2	0.63	0.71	0.74

III. Enxerto de etileno diamina e hidrazina em fibras de louro
III.1 Pré-tratamento e enxertia das fibras

As fibras das sementes recolhidas (Figura II.6) foram ële pré-tratadas de acordo com um procëdë dëcrit dansnos travaux precedentes [56]. Com efeito, as fibras foram impregnadas numa solução aquosa (RDB=1:40) contendo NaOH (1,5 mL/L, 10M), um detergente não iónico (4 g/L) e Na2C03 (3 g/L). A mistura foi fervida durante 90 minutos para remover as ceras e as impurezas. Em seguida, as fibras foram lavadas em água quente e fria, para evitar a precipitação superficial das impurezas, e secas ao ar. Por fim, são lavadas com água destilada. As fibras purificadas são tratadas com uma solução de NaOCl (87,5 mL/L, 12°) e Na2C03 (2 g/L) (pH 9-10) durante 60 minutos à temperatura ambiente. Em seguida, foram lavadas com água fria e tratadas com uma solução contendo NaHS03 (2 g/L) e H2S04 (0,1 M) a 30°C durante 15 minutos à temperatura ambiente. Por fim, foram lavadas com água destilada e secas ao ar.

Figura II. 6: Recolha e preparação das fibras de oleandro

A modificação química das fibras pré-tratadas foi ële rëalisëe de acordo com um procëdë dëcrit na literatura com algumas modificações [57]. Resumidamente, uma massa de fibra (5,0 g), previamente ativada a 80°C por 12 h, foi mantida em um volume de DMF (100 mL). Um volume de 17,5 mL de SOCh foi então adicionado lentamente sob agitação contínua a 80°C durante 4 h. O cloreto de celulose obtido durante a reação foi lavado com uma solução diluída de hidróxido de amónio (0,1 M) e o sobrenadante após cada tratamento foi removido até o pH atingir um valor neutro. A suspensão foi então tratada com água destilada para remover o DMF. As fibras foram recuperadas por filtração e secas à temperatura ambiente. A aminação foi efectuada em refluxo durante 4 h, utilizando as fibras cloradas (4,0 g) e um volume de etilenodiamina (20 mL) ou hidrazina (20 mL). No final da reação, as fibras de laurel de etilenodiamina (ED-laurel) e de laurel de hidrazina (HD-laurel) foram separadas do líquido por filtração e lavadas com água para remover os excessos de reagente e, finalmente, secas no vácuo.

III.2 Caracterização das fibras enxertadas

A análise elementar é utilizada para determinar o número de grupos de enxerto. [-1]Aqui, medimos as percentagens de carbono (C%), hidrogénio (H%) e azoto (N%) para as fibras estudadas (Tabela II.5). O número de sítios de coordenação por grama para cada amostra, Ca (mmol. g), foi calculado com base no valor do teor de azoto (Equação 2)[58]. [-1]Os valores correspondentes para o lauril diamina etileno e o lauril hidrazina são, respetivamente, iguais a 0,847 e 0,588 mmol. g :

$$Ca\ (mmol/g) = 3.33 \times \frac{(\%N)}{M(N)}(2)$$

Ou :

% N é o teor de azoto

M (N) é o peso molecular do azoto.

Quadro II. 5: Resumo das percentagens de carbono, hidrogénio e azoto para as fibras fibras estudadas.

Fibras estudadas	C (%)	H (%)	N (%)	$^{-1}$Ca (mmol.g)
Fibras branqueadas	44.216	6.229	-	-
ED-laurier	46.006	6.135	3.558	0.847
HD-laurier	40.130	5.710	2.473	0.588

Os espectros de IV das fibras estudadas são apresentados na Figura II.7. As fibras brutas (Figura II.7b) mostram uma banda larga em torno de 3350 cm-1 que corresponde ao grupo OH [59]. [-1]A banda a 889 cm (região amorfa da celulose) é atribuída a ligações 0-glicosídicas [60]. [-1]A banda a 1024 cm é atribuída à vibração de estiramento C-OH (álcool secundário v C-O) [61]. [-1]A flexão simétrica CH dos grupos metoxilo foi observada a 1367 cm [62]. [-1]A flexão simétrica CH2 foi observada a 1448 cm (estrutura cristalina da celulose). [-1]As duas bandas a cerca de 2881 e 2835 cm estão relacionadas com grupos de estiramento assimétricos e simétricos de metilo e metileno [63]. [-1]As bandas a 1591-1589 e 1278 cm são atribuídas a C = C, estiramento C-O ou vibrações de flexão dos grupos de lenhina [64]. [-1]A banda a 1765 cm , no espetro das fibras em bruto, é devida à ligação C = O, que é um grupo caraterístico da lenhina e das hemiceluloses. A partir das análises de IV das fibras de louro em bruto (Figura II.7b) e branqueadas (Figura II.7a), observou-se que as bandas em torno de 1765 (ligação C = O) e 1200-1300 (vibração aromática), características das hemiceluloses e da lenhina, desapareceram após o pré-tratamento. Estes resultados foram observados no estudo de Abraham et al, [65] ao estudar a extração de celulose de fibras lignocelulósicas.

Comparando o espetro de infravermelhos das fibras de louro com o das fibras de louro ED (Figura II.7c) e HD (Figura II.7d), foram registadas algumas diferenças. [-1-1]De facto, a banda a 3350 cm (grupos de estiramento OH) deslocou-se para 3362 cm, revelando a adição de grupos NH dos reagentes etileno diamina e hidrazina. [-1]Apareceram também dois novos picos a 1618 e 1541 cm que são atribuídos à vibração de deformação de NH na amina primária (-NH2) e N-H na amina secundária (-NH) [66].

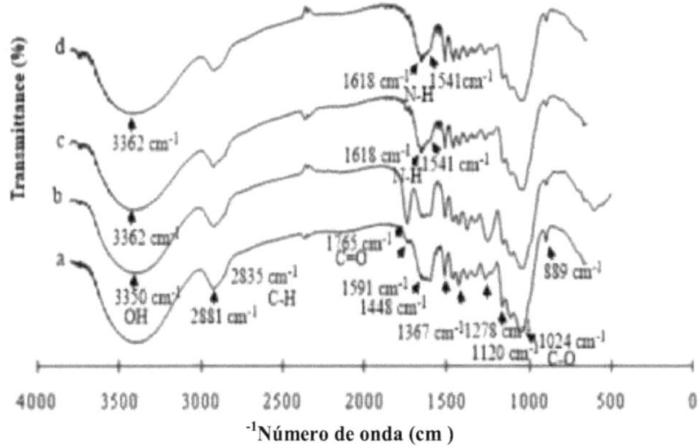

Figura II. 7: Espectros IR de: (a) fibras branqueadas, (b) fibras em bruto, (c) ED-laurier, e (d) ED-laurier.

HD-laurier

As características morfológicas das fibras têm ele ètudiẽes (Figura II.8). A Figura II.8a mostra imagens de fibras não enxertadas onde as superfícies são lisas, minimamente torcidas e limpas com numerosas pequenas estrias. As Figuras II.8b, c mostram imagens de fibras enxertadas. As fibras aminadas tornaram-se mais deformadas do que as fibras não modificadas. Esta deformação é maior no caso das fibras modificadas com etilenodiamina. Este facto é explicado pela elevada reatividade dos grupos amina presentes na estrutura deste reagente em relação aos grupos hidroxilo da celulose.

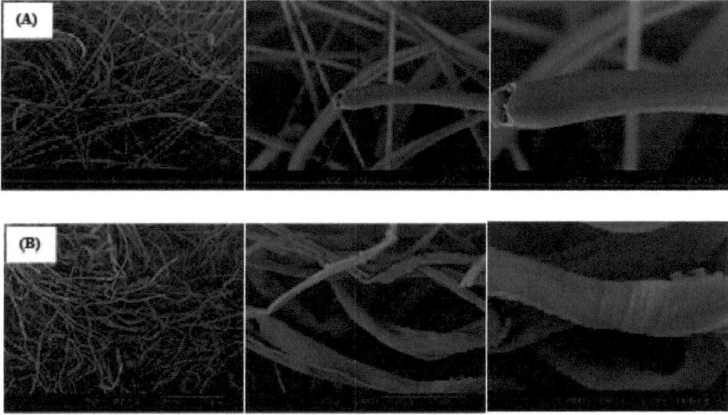

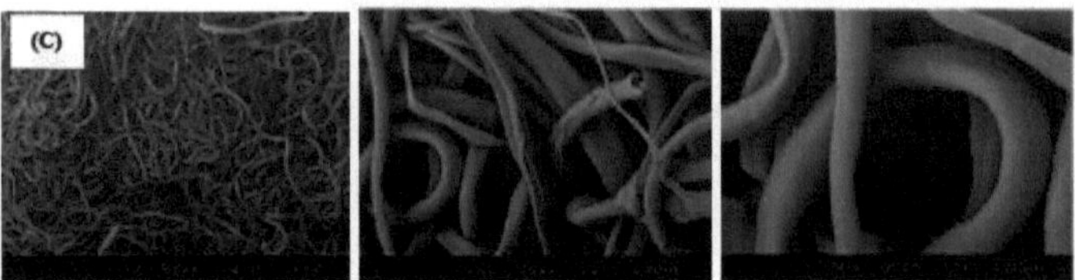

Figura II. 8. Imagens SEM de: (A) fibras de louro, (B) ED-laurier, e (C) HD-laurier
observadas com diferentes ampliações (x 30, x 200 e x 500)

III.3. Aplicação de fibras enxertadas para a adsorção de corantes aniónicos

¨As fibras celulósicas têm pouca afinidade com os corantes aniónicos devido à repulsão
eletrostática entre os grupos hidroxilo (OH) negativos presentes na superfície da fibra e os
grupos sulfonato (SO_3) das moléculas do corante. Para melhorar a afinidade das fibras de
louro, propusemos o enxerto com etilenodiamina e hidrazina. Nesta secção, estudámos a
influência das condições experimentais na adsorção de dois corantes ácidos: Acid Blue 161
(AB161) e Acid Red 183 (AR183) (Quadro II.6).

Quadro II. 6: Estruturas químicas e características físicas dos corantes estudados

Ácido vermelho 183 (AR183) λ_{max} em água = 495 nm Massa molar (g/mol) = 599,83
Azul ácido 161 (AB161)
λ_{max} em água = 609 nm Massa molar (g/mol) = 394,4

A quantidade de AB161 adsorvida é significativamente afetada pela variação dos valores de
pH (Figura II.9a). [1-1]Por exemplo, quando o pH varia de 4 para 8, qt diminui de 5,5 mg.g
para 1,5 mg.g . O aumento do valor de pH de 3 para 4 aumenta a capacidade de adsorção de
AB161, enquanto o aumento do valor de pH de 4 para 8 leva a uma diminuição da quantidade
adsorvida. A quantidade adsorvida relativamente elevada a valores de pH inferiores a 4 pode
ser explicada por interacções electrostáticas entre a superfície de carga positiva do adsorvente
e as moléculas de AB161 de carga negativa. A grande quantidade de corante adsorvida a pH 4
para as fibras ED-laurier pode ser atribuída à interação ëlectrostática entre os grupos amina
protónicos da etilenodiamina e os grupos aniónicos das moléculas de corante formados por
dissociação em condições ácidas. A evolução das quantidades adsorvidas de AR183 e AB161
é mostrada na Figura II.9b, c. Durante os primeiros 30 minutos, a adsorção de ambos os
corantes é rápida, uma vez que havia mais sítios disponíveis na superfície do adsorvente no
início do processo. Em seguida, o processo prossegue a um ritmo mais lento, uma vez que
existem poucos sítios activos na superfície dos adsorventes, e atinge a saturação aos 90
minutos.

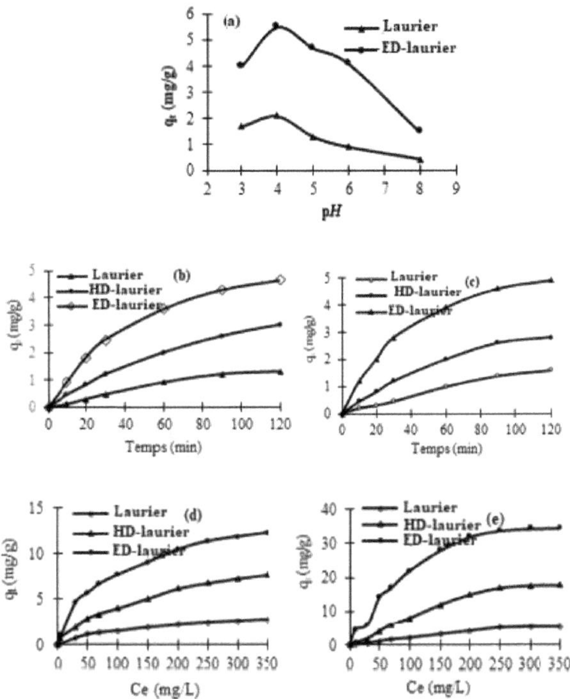

Figura II. 9 (a) Efeito do pH (C0 = 30 mg / L, T = 25°C, t = 60 min), (b) Efeito do tempo : (C0 = 30 mg / L, T = 25°C, pH = 6), Efeito da concentração do corante: (d) AR183 e (e) AB 161 (T = 25°C, t = 3h, pH = 6)

A FiguraII.9d, e mostra a Involução do quantil adsorvido dos ëtudiës adsorvatos em função da concentração do corante. [-1]A maior quantidade adsorvida (35 mg g) é obtida com o corante AB161 utilizando ED-laurier. [-1]É de aproximadamente 12,2 mg g para o corante AR183. O adsorvente ED-laurier revelou-se mais eficaz do que o HD-laurier. De facto, a quantidade adsorvida por este segundo adsorvente é reduzida a 50% em relação à do ED-laurier. [-1]Além disso, estas quantidades não ultrapassam, respetivamente, 2,7 e 5,2 mg g para o AR183 e o AB161 utilizando fibras em bruto como adsorventes, nas mesmas condições. A quantidade adsorvida de AB161 é relativamente mais elevada utilizando ED-laurier como adsorvente em comparação com AR183. Esta diferença na quantidade adsorvida é explicada pelo elevado peso molecular das moléculas de AR183, que impede a sua absorção por mecanismos de difusão. [-1]As quantidades adsorvidas de AR183 aumentam de 12,2 para 16,25 mg.g quando a temperatura aumenta de 25°C para 60°C, no caso do ED-laurier (Figura II.10). Este facto pode ser explicado pelas seguintes razões: em primeiro lugar, o tamanho dos poros das partículas adsorventes aumenta a altas temperaturas [67]. Em segundo lugar, o número de sítios de adsorção aumenta devido à quebra de certas ligações internas [68]. No caso da utilização de fibras de louro não modificadas como adsorvente, a quantidade adsorvida de AR183 diminui com o aumento da temperatura final.

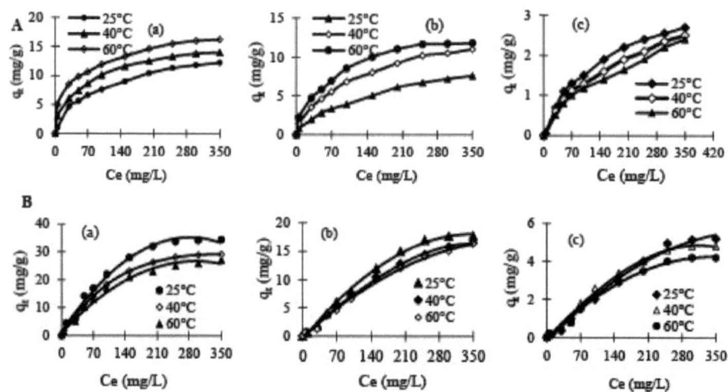

Figura II. 10 Efeito da temperatura: (A) AR183 e (B) AB161 utilizando: (a) ED-laurel, (b) HD-laurel, e (c) fibras de Laurel (t = 3h, pH = 6)

Os parâmetros cinéticos calculados têm ële rësumës na Tabela II.7. Os resultados indicam que a pseudo-primeira ordem se ajusta melhor aos dados experimentais com coeficientes de regressão R2> 0,96. Além disso, os valores de qe calculados para este modelo cinético mostram boa concordância com os experimentais (baixos valores de SSE). O processo pode, portanto, ser considerado físico. Os parâmetros da isoterma são apresentados no quadro II.8. Os coeficientes de correlação relativamente baixos mostram que a isotérmica de Langmuir não está de acordo com os dados experimentais. [2]Por outro lado, a equação de Freundlich correlaciona-se bastante bem com os dados experimentais, com coeficientes de correlação bastante elevados (R > 0,91). Isto sugere que o fenómeno de adsorção pode ocorrer em locais de adsorção heterogéneos. As fibras estudadas são adsorventes moderados e por vezes bons para o AR183 (n>2) [69]. [1]Os valores de E calculados a partir da equação de Redushkevich são, na maioria dos casos, inferiores a 40 kJ mol, confirmando que a adsorção de AB161 e AR183 é física [69].

Tabela II. 7. Parâmetros cinéticos para a adsorção de AR183 e AB161.

Fibras	Apelido de primeira ordem				Pseudo segunda ordem				Elovich		Difusão intra-partícula	
	K1	qe	R^2	SSE	K2	qe	R^2	SSE	aB	R^2	K1	R^2
AR183												
Laurel	0.006	1.711	0.99	0.079	0.002	2.889	0.22	0.267	0.051	1.952	0.973	0.133	0.943
HD-Laurel	0.008	3.643	0.99	0.077	0.008	4.206	0.69	0.199	0.129	0.942	0.97	0.293	0.973
ED-Laurel	0.01	5.047	0.99	0.057	0.005	5.78	0.87	0.187	0.262	0.644	0.998	0.457	0.984
AB161												
Laurel	0.01	2.083	0.96	0.08	0.005	2.471	0.46	0.145	0.063	3.075	0.739	0.156	0.93
HD-Laurel	0.012	3.533	0.98	0.12	2.227	3.905	0.73	0.184	0.264	1.655	0.837	0.281	0.973
ED-Laurel	0.014	5.599	0.98	0.116	0.006	5.81	0.91	0.15	0.611	0.936	0.92	0.476	0.985

Tabela II. 8 Parâmetros de Langmuir, Freundlich, Temkin e Dubinin para a adsorção de

AR183 e AB161

T°C	qm	KlR²	SSE	KfnR²	BAt	R qm²	ER SSE
	Langmuir		Freundlich		Temkin		Dubinin
AR183							
Fibras de louro							
25	5.010	.004 0.6	0.231	0.000151 . 120.91	0.	650.136 0.95 1.6214 .108	.43 0.890
40	4.590	.003 0.64	0.209	0.000145 1.165 0.92	0.590 .125	0.931 .397 23.57	0.880 .11
60	3.	080.006 0.96	0.068	0.00071 .429 0.98	0.	530.125 0.89 1.233 40.82	0.770 .117
HD-laurier							
25	9.	460.009 0.94	0.186	0.0701 .813 0.99	1.710 .153	0.89 4.288 20.41 0.	640.79
40	12.97	0.013 0.97	0.197	0.3802 .024 0.99	2 .420.20	0.94 6.932 35.35	0.690 .7
60	13.87	0.018 0.98	0.207	1.4332 .417 0.98	2 .540.299	0.95 8.468 500.	680.78
ED-laurier							
25	14.79	0.012 0.99	0.259	0. 21.720 0.96	2.745 0.202	0.97 8. 118.26	0.842 0.41
40	15.75	0.021 0.99	0.175	3.452 .687 0.99	2.806 0.389	0.97 10.51 40.82 0.	70.35
60	17.64	0.027 0.99	0.1414	.763 .542 0.99	2.799 0.836	0.97 12.73 70.71 0.	680.351
AB161							
Fibras de louro							
25	34.36	0.0006 0.59	2.194	0.010 1.150 0.98	1.329 0.096 0.845	2.34315 .811	0.629 0.28
40	11.16	0.0020 .57	0.637	0.009 1.184 0.98	1.143 0.101 0.832	.12526 .726	0.658 0.27
60	100.0020	.65	0.580	.0111 .220 0.95	0.988 0.101 0.825	1.77740 .824	0.537 0.24
HD-laurier							
25	56.820	.0020 .49	3.	90.136 1.149 0.98	4. 750.089 0.842	8.29216 .660	.578 2.62
40	55.860	.0010 .3	3.940	.1311 .183 0.98	4. 210.087 0.838	7.20326	.726 0.567 2.20
60	52.	360.0010 .22	3.	60.1411 219 0.95	4.050 .086 0.824	6.70140	.824 0.493 2.052
ED-laurier							
25	50.	500.0080 .85	1.	62.337 1.756 0.93	8.486 0.157 0.8920	.999 21. 320.491	.35
40	42.918	0.0070 .98	1.	370.4711 .493 0.98	7.359 0.140 0.9318	.159 28.867	0.744 1.1
60	39.525	0.0070 .96	1.	230.249 1.424 0.97	6.760 0.132 0.926	15.921 40.824	0.711 .13

Os parâmetros termodinâmicos foram ël.ë calculados (Tabela II.9). O valor negativo da entalpia confirma que a adsorção de AB161 nas fibras enxertadas é um processo exotérmico. A adsorção de AR183 é endotérmica para as fibras enxertadas, o que poderá ser explicado pela libertação do elemento Cr (i.e. a quebra de ligações Cr-L ou Cr-X versus a formação de ligações electrostáticas).O valor negativo de AS* indica uma diminuição da desordem do sistema na interface fibra enxertada-AB161. Para AR183, valores positivos de AS* indicam o aumento da dësorder na interface sólido/solução. Valores positivos de AG* significam que a adsorção dos dois corantes estudados é não espontânea.

Tabela II. 9: Parâmetros termodinâmicos para a adsorção de AR183 e AB161.

Fibras	T (°C)	ΔH^* (kJ.mol^{-1})	ΔS^* (J.mol^{-1})	ΔG^* (kJ.mol^{-1}) 25	40	60
Laurel	AR183	12.737	-4.298	13.748	14.621	13.916
	AB161	21.275	13.21	18.265	15.357	17.744
HD-laurier	AR183	16.353	15.755	11.688	11.380	11.135
	AB161	-3.999	-66.985	15.886	17.113	18.235
ED-laurier	AR183	18.573	26.305	11.429	10.061	9.951
	AB161	-3.293	-51.455	12.059	12.773	13.859

IV. Aminação de cascas de amêndoa
IV.1 Preparação de adsorventes a partir de cascas de amêndoa
As cascas das amêndoas (Figura II.11) foram ële colhidas na região de Sidi Bouzid, na Tunísia, no verão (julho-agosto). Em primeiro lugar, foram lavadas várias vezes com água destilada para reduzir as impurezas depositadas na superfície, sëchëed e depois moídas com um almofariz seguido de moagem eléctrica para obter pós mais finos.

Figura II. 11: (a) Amendoeira, (b) fruto fresco de amêndoa e (c) fruto de amêndoa depois de amadurecido.

Os pós de casca de amêndoa foram tratados por dois processos de cationização utilizando dois reagentes amínicos diferentes. O primeiro utilizou quitosano (0,05, 0,1, 0,3 e 0,5%). O segundo utilizou um copolímero de dimetil-dialil-amónio-cloreto-dialilamina (0,1, 0,3, 0,5, 2, 3 e 5%) (Figura II.12).

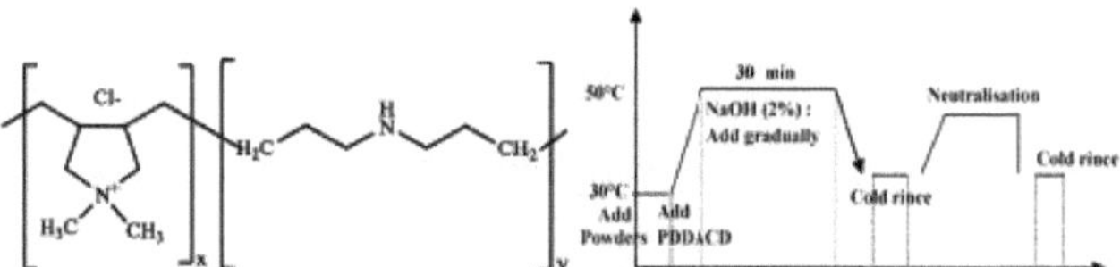

Figura II. 12: (a) Estrutura química do
copolímero de dimetil-dialil-amónio-cloreto-dialilamina
e (b) processo de cationização.

IV.2 Caracterização das cascas das amêndoas
As imagens SEM das conchas não modificadas e modificadas são apresentadas na Figura II.13. A superfície é áspera e porosa, assemelhando-se a um favo de mel. A estrutura é macroporosa onde os diâmetros dos poros variam de 26,51 a 33,44 ^m e microporosa com poros que variam de 0,78 a 1,35 ^m. Para os pós de casca de amêndoa modificados com o copolímero (Figura II.13b), não foi observada qualquer alteração em relação às matérias-primas (Figura II.13a). Além disso, a aplicação de quitosano na superfície das cascas leva à obstrução dos poros (Figura II.13c). Este facto confere uma certa rigidez aos materiais.

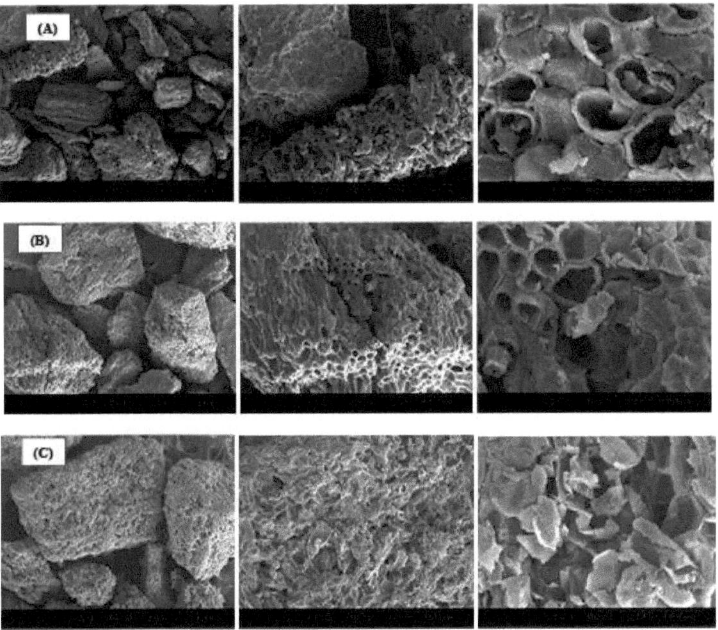

Figura II. 13. Imagens SEM de: (a) cascas de amêndoa crua, (b) amêndoa-copolímber, e (c) amêndoa-quitosano (x50, x 125, e x500).

Os espectros de IV dos ëtudiës são apresentados na Figura II.14. [-1]Os espectros das cascas de amêndoa em bruto mostram a presença de uma banda a cerca de 3316 cm que corresponde ao grupo OH [60]. [-1]O pico a 867 cm é atribuído a ligações 0-glucosídicas [60]. [-1]A banda a 1040 cm é atribuída à vibração de estiramento C-OH [61]. [-1]As bandas a cerca de 2865 e 2957 cm estão associadas a grupos OCH3 [61]. [-1]Os picos a 1700 (ligação C=O) e 1224 cm são grupos característicos da lenhina e das hemiceluloses [64]. [-1]As bandas a 1580 e 1286 cm são atribuídas aos grupos C=C e C-O da lenhina. [-1-1]O espetro das cascas de amêndoa funcionalizadas mostra uma deslocação da banda a 3316 cm para 3363 cm. Este facto confirma a adição de grupos amina do quitosano e do copolímero à superfície da casca da amêndoa. [-1]No espetro da amêndoa-copolímero, surge um novo pico a 1603 cm, que é atribuído ao grupo N-H [64].

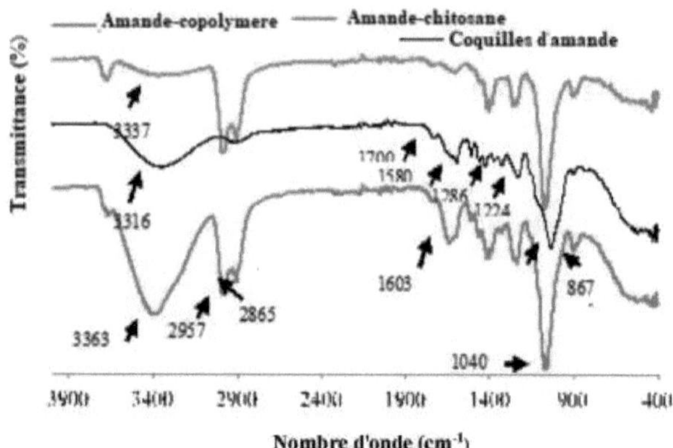

Figura II. 14. Espectros de infravermelhos da amêndoa, da amêndoa-quitosana e das cascas de polímeros de amêndoa.

IV.3. Aplicação de cascas de amêndoa para a adsorção de corantes aniónicos e catiónicos

O contacto entre o adsorvato e o adsorvente conduz a uma interação física e/ou química. Isto depende da estrutura dos materiais. De facto, a quantidade adsorvida resultante dëpende de vários paramëtres físico-químicos. Nesta secção, nós ëШёюпз! 'efeito do pH, tempo de contacto, temperatura e concentração inicial de corante.

A quantidade adsorvida de AB25 (Figura II.16a) é máxima a pH = 2 e 3, respetivamente, para as cascas de amêndoa não modificada, amêndoa-quitosano e amêndoa-copolímero. Acima desses valores, os valores de qt diminuem. [+]Este resultado pode ser explicado pelo facto de, em condições ácidas, os iões H3O e os grupos amina protonados do quitosano ou do copolímero interagirem com os grupos sulfónicos das moléculas AB25. [-]Por outro lado, em condições alcalinas, a presença de iões OH causou repulsão entre as moléculas de corante e o adsorvente. Nas experiências de adsorção seguintes, o valor de pH = 4 foi ëtë escolhido como o valor ótimo, a fim de evitar a degradação dos materiais de celulose estudados em condições fortemente ácidas. Relativamente à adsorção de BM na superfície das cascas de amêndoa (Figura II.16b), observou-se um aumento significativo da capacidade de adsorção do adsorvente quando o valor de pH aumentou de 2 para 6. Enquanto que acima do valor 6, a quantidade adsorvida é legalmente afetada pela alteração do valor do pH. [+]As quantidades adsorvidas relativamente baixas de BM em pH ácido podem ser devidas à presença de um excesso de iões H que competem com os catiões do corante.

O esquema II.3 prevê um provável mëcanismo de interação entre os matëriais celulósicos estudados e os corantes de AB25 e BM.

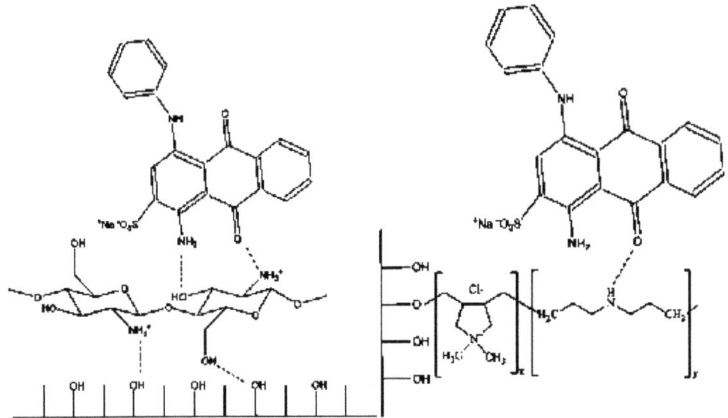

Figura II.3: Mecanismo provável de interação entre: (a) cascas de amêndoa, quitosano e AB25 e (b) cascas de amêndoa, PDDCD e AB25.

A variação da quantidade adsorvida de AB25 e BM em função do tempo de contacto para os materiais estudados utilizando diferentes doses de quitosano e copolímero é apresentada na Figura II.15. Para todos os compostos, observa-se que a quantidade adsorvida é maior no início do processo. O equilíbrio AB25 (Figura II.15c, d) é obtido em cerca de 60 e 30 minutos, respetivamente, para os materiais amêndoa-quitosano e amêndoa-copolímero. Este equilíbrio é atingido em cerca de 60 minutos para o corante BM. A quantidade de AB25 adsorvida aumenta à medida que a dose de cada reagente catiónico aumenta. Este facto deve-se à presença de grupos amina na superfície da amêndoa quitosana e do polímero de amêndoa. As doses óptimas de reagentes catiónicos para a adsorção de AB25 são iguais a 0,5% e 5%, respetivamente, para o quitosano e o copolímero. No caso do BM (Figura II.15e), a quantidade de corante adsorvido na superfície da casca da amêndoa explica-se pela presença de grupos hidroxilo reactivos.

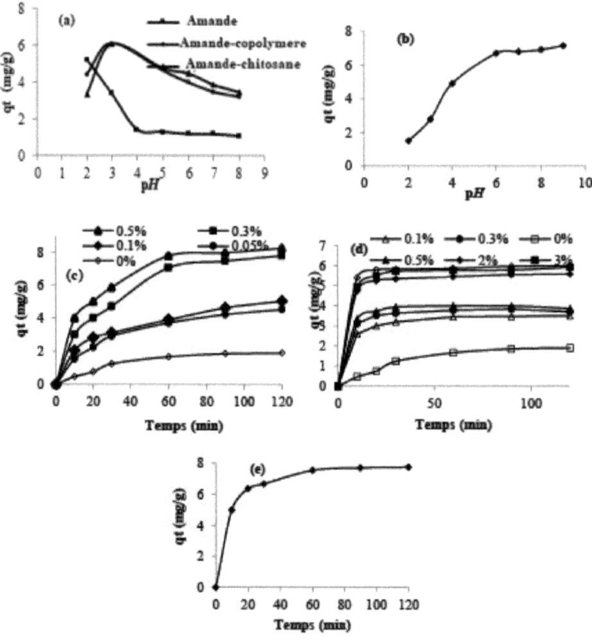

Figura II. 15: Efeito do valor do pH na adsorção de: (a) AB25 e (b) BM na superfície das cascas de amêndoa, amêndoa quitosana e amêndoa copolímero (t = 30 min, T = 25°C, C0 = 30 mg/L), Efeito do tempo na adsorção de AB25 utilizando: (c) amêndoa quitosana.

A Figura II.16 ëlucida o efeito da tempëratura na adsorção de AB25 e BM na presença de casca de amêndoa, amêndoa-quitosana e amêndoa-copolymëre. A interação entre os ëtudiës matëriais e o AB25 (Figura II.16a-c) é exotérmica ou a tempëratura diminui com o aumento do valor da tempëratura. A diminuição da quantidade adsorvida em função da temperatura indica então que a interação estabelecida entre os adsorventes e o AB25 é reversível. [1-1-1]A quantidade adsorvida no equilíbrio, a 60°C, para o quitosano de amêndoa é igual a 20 mg.g . Esta capacidade é ligeiramente superior para o copolímero de amêndoa que é igual a 25 mg.g . Por outro lado, nas mesmas condições, a quantidade adsorvida de AB25 não ultrapassa 2,4 mg.g para as cascas de amêndoa não modificadas. Esta diferença de capacidade de adsorção prova a contribuição de sítios catiónicos na superfície da celulose. O fenómeno de adsorção é endotérmico no caso do BM, onde se observa um ligeiro aumento da quantidade adsorvida. [1-1]A 60°C, a quantidade adsorvida é de 86 mg.g e é de cerca de 84,9 mg.g a 25°C.

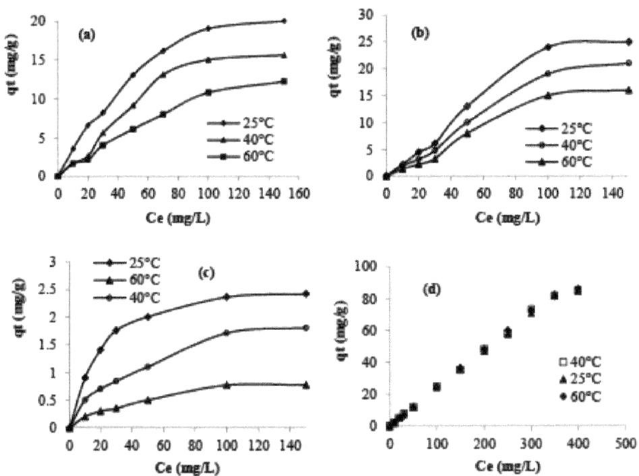

Figura II. 16. Efeito da temperatura na adsorção de AB25: (a) amêndoa-quitosano, (b) amêndoa-copolímero, (c) cascas de amêndoa, e (d) MB utilizando cascas de amêndoa.

[2]A avaliação dos modelos cinéticos é controlada pelos valores dos coeficientes de regressão R e SSE (Tabela II.10). [2]Para a adsorção de AB25 utilizando amêndoa-quitosano como adsorvente, os valores de R são maiores, ao longo da equação de pseudo-segunda ordem. No entanto, os valores mais baixos de SSE foram registados para a pseudo-primeira ordem. Em geral, existe uma combinação de adsorção na superfície e no interior dos poros. De facto, a equação de pseudo-primeira ordem pode descrever apenas a fase inicial do fenómeno de adsorção e os dados de adsorção podem desviar-se da curva. Foi sugerido que o modelo de primeira ordem não se ajusta bem ao longo de todo o intervalo de tempo de contacto e é geralmente aplicável durante a fase inicial dos processos de adsorção. A não linearidade sugere a incapacidade do modelo de pseudo-primeira ordem para interpretar os dados. A equação de pseudo-segunda ordem indica que o mecanismo é químico.

O modelo de difusão intra-partícula é utilizado para identificar o mecanismo envolvido no processo de adsorção. Assume que a difusão intra-partícula é controlada pela velocidade, o que é geralmente o caso para soluções bem misturadas. A aplicabilidade deste modelo requer que o traço de qt em relação a t^ seja linear; se passar pela origem, a difusão intra-partícula é a única etapa que controla a velocidade. Quando as linhas não passam pela origem, isso indica que a difusão intra-partícula não é a única etapa que controla a taxa, mas que mais de um processo cinético está envolvido no processo de adsorção. Aqui, as linhas rectas dos dados cinéticos para a equação de difusão intra-partícula passam pela origem. Este facto sugere que a etapa de difusão é significativa neste caso. [7]Referindo-nos aos valores de R desta equação, observamos que este modelo é menos adequado do que o de pseudo-primeira ordem. Assim, a adsorção é predominante na superfície do adsorvente, mas permanece secundária no interior dos poros. De facto, a adsorção rápida no início está ligada à adsorção superficial, depois a adsorção ocorre lentamente no interior dos poros.

[2]Além disso, os valores de R são elevados para a equação de Elovich, o que sugere uma adsorção química com poros heterogéneos na superfície do adsorvente. O processo de adsorção utilizando amêndoa-copolímero resolve a equação de pseudo-segunda ordem. Este facto foi confirmado pelos baixos valores de SSE (Tabela II.10). Para este adsorvente, as

linhas de difusão intra-partículas não passam pela origem. Por conseguinte, esta etapa não está envolvida no processo de adsorção.

[2]A adsorção de BM na superfície das cascas de amêndoa não modificadas segue a liquação de segunda ordem (0,99 <R ; 0,073 <SSE). Isto confirma que a adsorção de BM é química.

Tabela II. 10: Parâmetros cinéticos para a adsorção de AB25 e BM utilizando as cascas de amêndoa, amêndoa-quitosano e amêndoa-copolímero.

AB25 (30 mg/L)	Pseudo-primeira ordem				Pseudo-segunda ordem			Elovich			Difusão intra-partícula	
	K_i	q_e	R^2	SSE	K_2	q_e	R^2	a	e	R^2	K_i	R^2
Cascas de amêndoa												
AB25	0.013	1.9	0.99	0.01	0.00	2	0.13	0.73	0.69	0.97	0.192	0.95
	0.014	9	4	3	8	.70	.97 1	1.78	0.35	4	0.453	9
	6	4.8	0.96	0.05	0.00	6	0.17			0.99	3	0.96
		7	3	5	6					7		9
Quitosano de amêndoa												
0,05						5.560	.998					
0.1%	0.014	5.2	0.93	0.04	0.00	5.860	.990	0.13	2.07	0.36	0.98	0.501
	4	9	0	1	7		8			6	9	0.94 9
0.3%	0.007	6.6	0.97	0.18	0.00	9		0.28	3.28	0.2	0.97	0.816
	2	9	9	6	4	.520	.9 5			2	4	0.88 7
						92						
0.5%	0.01587	.08	0.96	0.19	0.00	9.		0.18	3.94	0.23	0.97	0.885
		4	9	6	390.99				4	3	1	0.88 6
Amêndoa-copolimero						7						
0.1%	0.013	1.3	0.85	0.35	0.07	3.		0.02	7.92	1.2	0.93	0.27
	3	7	2		1	620.99	0			1		0.69 4
						9						
0.3%	0.010	0.9	0.57	0.45	0.17	3.810	.998	0.01	63.17	1.75	0.79	0.283
	1	9	2	3		6				6		0.60 4
0.5%	0.009	0.7	0.43	0.52	0.36	3.		0.01	196.71	1.99	0.65	0.291
	8	4	8	1		950.99	0			1		0.57 5

Material	R_L	q_{mL}	R	SSE	K_F	n_F	R^2	B_T	FM	R^2	q	E	R^2SSE	ΔH	ΔS	ΔG°
8																
2%	0.0133	1.50	0.797	0.683	0.09	5.99	.680.9	0.013	262.0	1.413	0.88	0.4114				0.590
3%	0.0128	1.59	0.753	0.725	0.08	5.990	.999	0.008	138.6	1.18	0.818	0.437				0.595
5%	0.0129	1.15	0.7	0.808	0.13	6.050	.9990		1567	22.06	0.830	0.43		9		0.546
Cascas de amêndoa																
BM	0.0174	4.32	0.960	0.573	0.0198	200.999	.	0.0737	640.	.	390.938				0.640	0.770

Os parâmetros calculados a partir das isotérmicas de Langmuir, Freundlich, Temkin e Dubinin-Redushkevich estão resumidos na Tabela II.11.

Tabela II. 11: Constantes de Langmuir, Freundlich, Temkin, Dubinin-Redushkevich e parâmetros termodinâmicos para a adsorção de AB25 e BM.

	Langmuir				Freundlich			Temkin		Dubinin-Redushkevich					Parâmetros		
T	R_L	q_{mL}	R	SSE	K_F	n_F	R^2	B_T	FM	R^2	q	E	R^2SSE	ΔH (kJ.mol⁻¹)	ΔS (J.mol⁻¹)	ΔG° (kJ.mol⁻¹)
AB25 — Amêndoa-0,3%quitosano																
25	0.22	29.9	0.75	2.53	1.14	0.68	0.97	15.33	0.43	0.97	3.21	91.28	0.781	2.38			13.77
40	0.10	48.3	0.42	4.67	0.52	1.1	0.94	13.73	0.37	0.94	2.84	40.82	0.846	1.82	-12	46.28	14.47
60	0.07	31.2	0.97	1.6	0.53	1.23	0.97	9.72	0.373	0.94	2.38	50	0.798	1.4			15.39
AB25 — Amêndoa - 5% de polímero																
25	0.06	135.13	0.429	19.85	0.56	1.05	0.97	21.89	0.35	0.93	3.21	74.5	0.7	3.62			10.07
40	0.04	133.33	0.23	18.72	0.5	1.05	0.98	18.05	0.34	0.92	2.87	79.05	0.64	3.02	7.04	-33.83	10.58
60	0.03	123.45	0.343	16.41	0.39	0.98	0.97	14.23	0.39	0.92	2.55	84.5	0.64	2.24			11.25
AB25:Amêndoa																
25	45.52	1.05	0.974	0.04	0.71	2.82	0.91	1.31	0.79	0.97	1.39	111.8	0.895	0.17			25.5
40	8.48	2.39	0.977	0.09	0.44	2.01	0.99	1.19	0.5	0.958	1.11	111.8	0.66	0.11	-29.5	-85.7	26.79
60	2.49	2.74	0.999	0.05	0.29	1.89	0.981	0.54	0.48	0.955	1.27	111.8	0.69	0.08			28.5
BM: amêndoa																
25	0.006	625	0.211	49	0.54	1.01	0.997	53.24	0.282	0.868	4.75	70.7	0.621	7.28			13.74
40	0.008	454.5	0.473	33.59	0.53	1	0.996	53.68	0.282	0.870	4.76	70.7	0.625	7.29	4.08	-4.6	14.43
60	0.009	384.6	0.517	27.2	0.52	0.98	0.997	54.28	0.281	0.874	4.74	70.7	0.6	7.38			15.35

Os coeficientes de correlação indicam que as equaçőes de Langmuir e Freundlich são satisfatórias. Em detalhe, ao olhar para os coeficientes de regressão, observamos que a liquação de Freundlich é mais apropriada para děcrever a adsorção de AB25 usando amêndoa-quitosana e amêndoa-copoliměre como adsorventes. Pelo contrário, a adsorção de AB25 usando amêndoa shellsuit Langmuir liquation. Isto pode ser interpretado pela distribuição homogénea e heterogénea de sítios activos na superfície da casca de amêndoa. Com base nos valores de n, os materiais estudados são adsorventes moderados e, por vezes, bons para a adsorção de AB25 (n> 2). [-1]Os valores de E, calculados a partir da equação de Redushkevich, são superiores a 40 KJ mol, confirmando que a adsorção do AB25 e do MB é química. Para o AB25, os valores negativos de entalpia confirmam que a interação entre o AB25, as cascas de amêndoa, o quitosano de amêndoa e o copolímero de amêndoa é exotérmica. Para BM, o processo é endotérmico. Valores positivos de AG° indicam uma reação não espontâneaev Valores negativos de AS° sugerem uma diminuição da ordem dës durante a adsorção.

V . Cationização de membranas de celulose obtidas a partir de tâmaras

V .1. Preparação de membranas de celulose

As membranas de celulose foram ële obtidas a partir de tâmaras (Figura II.17). Foram primeiro lavadas com água para remover as impurezas da superfície e depois secas à tempëratura ambiente. Foram submetidas a um tratamento adicional de cationização utilizando o copolímero dimëthy-diallyl-ammonium-chloride-diallylamine.

Figura II. 17: Recolha de tâmaras: (a) fruto, (b) tâmaras e (c) membranas residuais.

V . 2. Caracterização das membranas de celulose

Os espectros de IV das membranas brutas e funcionalizadas são apresentados na Figura II.18. As membranas em bruto apresentam uma banda a cerca de 3265 cm^{-1} que corresponde ao grupo OH. O pico a 869 cm^{-1} é atribuído às ligações B-glucosídicas. A banda a 1020 cm^{-1} é atribuída à vibração de estiramento C-OH. A flexão CH simétrica dos grupos mëthoxyl tem ële observado em 1365 cm^{-1} . As duas bandas a 2885 e 2958 cm^{-1} são ^ aos grupos O-CH3. Os picos em 1720 (ligação C = O) e 1224 cm^{-1} são característicos de lignina e hëmiceluloses. As bandas em 1589 e 1286 cm^{-1} são atribuíveis às vibrações de estiramento C = C e C-O dos grupos de lignina. o espetro da membrana funcionalizada mostra um deslocamento da banda em 3265 cm^{-1} para 3312 cm^{-1}. Este facto confirma a adição de grupos amina ao polipolímero. Os picos a 1427 e 1574 cm^{-1} são atribuídos, respetivamente, à vibração de estiramento C-N e N-H da amina secundária. Estes resultados demonstram a interação entre o copolímero e a celulose.

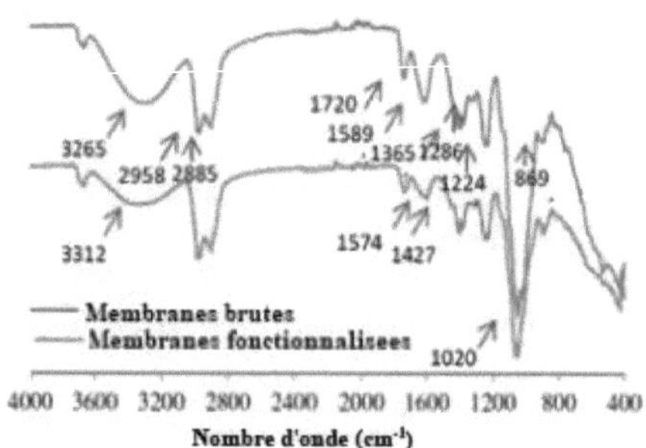

Figura II. 18. Espectros de IV das membranas em bruto e funcionalizadas.

As características morfológicas das membranas são apresentadas na Figura II.19. A Figura II.19a mostra que a superfície das membranas não modificadas apresenta sulcos paralelos e pouco profundos. Para as imagens das membranas funcionalizadas (Figura II.19b), não há

56

uma mudança clara na morfologia da superfície. As superfícies cationizadas são legalmente mais lisas do que as não modificadas. A cationização não altera a estrutura física da fibra. Esta é uma vantagem sobre o tratamento de materiais com polímeros (como no caso do quitosano), que produz um grau de rigidez.

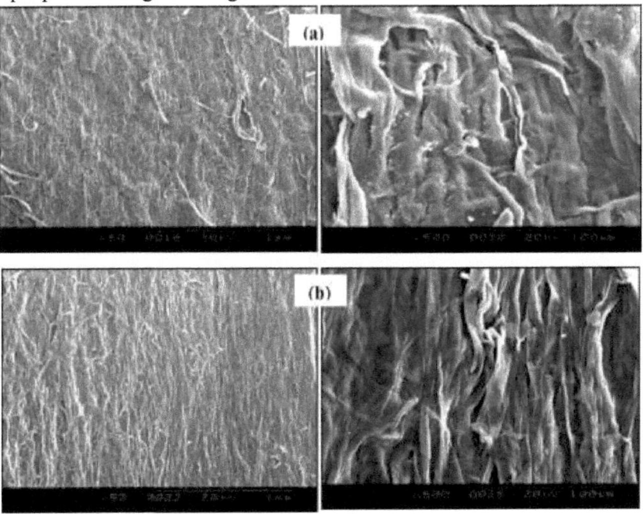

Figura II. 19. Imagens SEM das membranas: (a) em bruto e (b) funcionalizadas (x50 e x500).

V.3. Aplicação de membranas de celulose para a adsorção de corantes ácidos, reactivos, directos e catiónicos

A interação entre as cadeias de celulose das membranas e os ëtudiës corantes (Tabela II.12) é condicionada não só pela presença de grupos funcionais na superfície do adsorvente ou do adsorvato mas também por diversos parâmetros experimentais como o pH, o tempo de contacto, a concentração inicial do adsorvato, a temperatura, etc. De facto, as cadeias das membranas poderiam interagir com as moléculas de BM por ligação de hidrogénio graças à presença de átomos de azoto e de grupos hidroxilo. De facto, as cadeias de membrana podem interagir com as moléculas de BM por ligação de hidrogénio graças à presença de átomos de azoto e grupos hidroxilo. $^{+}$Após a cationização, o copolímero adicionado à superfície das cadeias de celulose poderia reagir com o corante aniónico NBB, por exemplo, através de interacções iónicas entre os grupos N e SO_3.

Tabela II. 12: Estruturas químicas e características físicas dos corantes ëtudiës: (a) RB198, (b) DY50, (c) NBB e (d) MB.

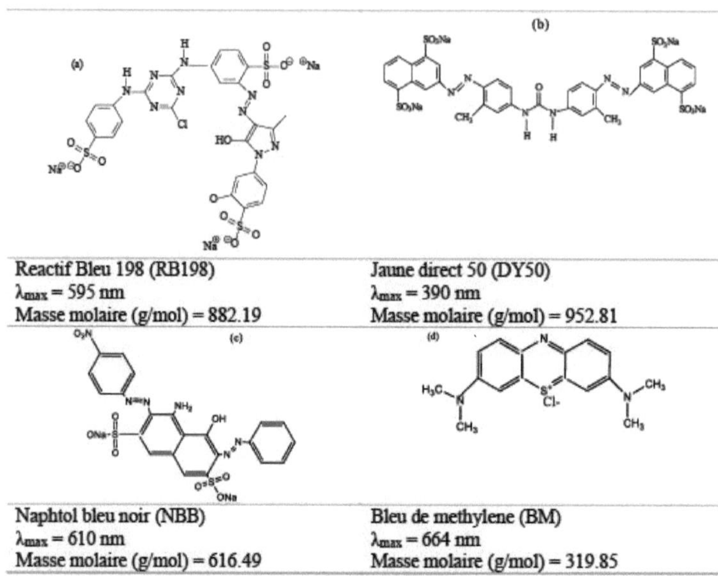

Reactif Bleu 198 (RB198) $\lambda_{max} = 595$ nm Masse molaire (g/mol) = 882.19	Jaune direct 50 (DY50) $\lambda_{max} = 390$ nm Masse molaire (g/mol) = 952.81
Naphtol bleu noir (NBB) $\lambda_{max} = 610$ nm Masse molaire (g/mol) = 616.49	Bleu de methylene (BM) $\lambda_{max} = 664$ nm Masse molaire (g/mol) = 319.85

RB198 e NBB é apresentada na Figura II.20a. A quantidade adsorvida é máxima a pH = 4 para RB198 e DY50, pH = 8 para BM e pH = 6 para NBB. [1] Por exemplo, para o BM, a quantidade adsorvida aumenta de 1 para 10,5 mg.g quando o pH varia de 3 para 9. Os valores mais baixos de qt observados para o MB, em pH ácido, devem-se à presença de um excesso de iões H+ em competição com os catiões do BM.

[1] O equilíbrio de adsorção foi rapidamente atingido para concentrações de corante compreendidas entre 10 e 30 mg g (Figura II.20b-e). Com efeito, apenas 5 minutos de contacto adsorvente-BM foram suficientes para atingir o equilíbrio, 40 minutos para o RB198 e 80 minutos para o DY50. Esta diferença de velocidade de adsorção explica-se pela reatividade dos adsorventes, o peso molecular e a natureza do próprio corante. Além disso, a funcionalização com o copolímero (Figura II.20e) melhorou significativamente a adsorção do NBB. [1-1] A quantidade adsorvida é de cerca de 5,9 mg.g (C0 = 30 mg.L) para a dose óptima de copolímero (0,05%). [1] No entanto, não excede 0,25 mg.g para as membranas em bruto nas mesmas condições. A quantidade de NBB adsorvida diminui à medida que a dose de agente catiónico aumenta. [1-1] Por exemplo, qt diminui de 5,9 mg g para 1,29 mg g para as mesmas condições utilizando uma dose catiónica elevada igual a 2%. Este resultado pode ser explicado pelo efeito da atração iónica entre os grupos catiónicos do copolímero e os grupos aniónicos do corante. No entanto, para as membranas modificadas, a quantidade adsorvida foi ligeiramente reduzida com doses elevadas de agente catiónico. Isto deve-se à formação de um complexo corante-copolímero na superfície das membranas que, devido a impedimentos estéricos, bloqueia a difusão do corante através dos grupos hidroxilo da celulose.

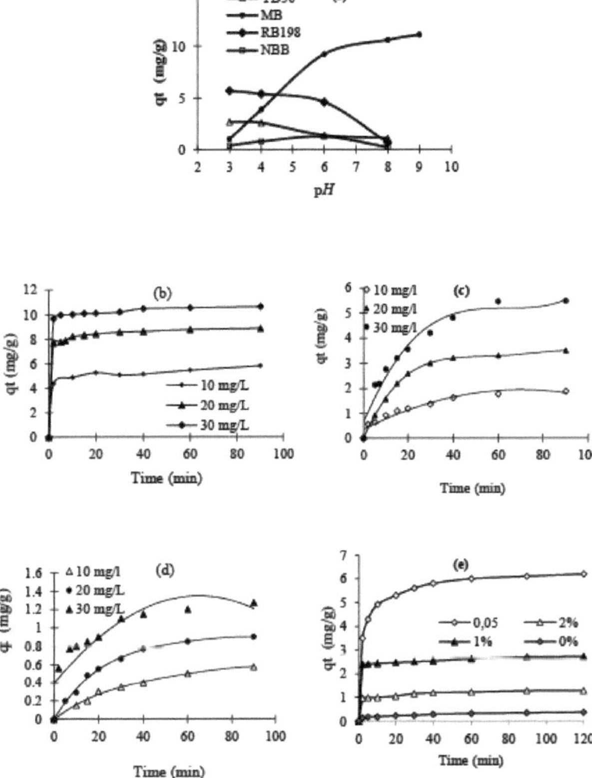

Figura II. 20: (a) Efeito do pH (C0= 30 mg/L, t =1h, T=25^C), efeito do tempo: (b) BM, (c) RB198, (d) DY50, e (e) NBB (T= 25°C, pH= 6, C0= 30 mg/L).

A evolução da quantidade adsorvida de BM (Figura II.21a), RB198 (Figura II.21b), DY50 (Figura II.21c) e NBB (Figura II.21d-e) na superfície das membranas cruas e funcionalizadas em função da temperatura indica que o processo de adsorção é exotérmico. [1-1]As quantidades máximas adsorvidas, a 25°C, são, respetivamente, 16 mg.g e 14 mg.g para RB198 e DY50.

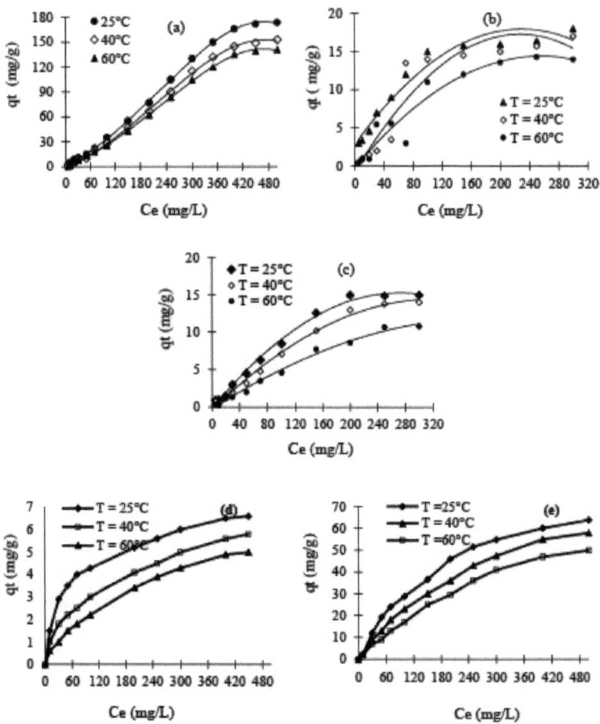

Figura II. 21. Efeito da tempëratura nos casos de : (a) MB, (b) RB198, (c) DY50, (d) Evolução da tempëratura para o corante NBB (caso das membranas cruas), e (e) caso das membranas funcionalizadasëes.

[1-1]A quantidade adsorvida ë evolui rapidamente de 6,6 mg.g para as membranas brutas (Figura II.21d) para 63,9 mg.g após a funcionalização com o copolímero (Figura II.21e). [1-1-1-1]As quantidades adsorvidas seguem a ordem: DY50 (14 mg.g) <RB198 (16 mg.g) <NBB (63,9 mg.g) <MB (150 mg.g). Esta diferença na capacidade de adsorção pode ser explicada pelos grupos funcionais presentes na estrutura de cada corante e também pelo seu peso molecular. [1]O DY50 e o RB198 têm massas molares bastante elevadas (> 882 g.mol).

[2]A correlação dos dados cinéticos experimentais com as equações cinéticas tlreóricas (Tabela II.13) permitiu-nos observar as seguintes constatações; para todos os corantes estudados, os valores de R2 revelam-se maiores, utilizando a equação de pseudo-segunda ordem (R > 0,85). As quantidades calculadas (qe) também estão em boa concordância com as experimentais (0,0005 <SSE <0,044). Todos estes resultados sugerërent que o procës de adsorção é químico.

Tabela II. 13: Constantes cinéticas para a adsorção dos corantes ëtudiës na superfície de diferentes membranas diferentes membranas

c0 (mg /L)	Pseudo-primeira ordem				Pseudo-segunda ordem				Elovich			Difusão	
	K_1	q_e	R^2	SSE	K_2	q_e	R^2	SSE	a	$_B$	R^2	K_1	R^2
						BM							
10	0.0089	2.135	0.66	0.461	0.093	5.76	0.99	0.009	6.654	0.657	0.623	0.4059	0.511

20	0.01	1.891	0.55	0.87	0.003	8.888	0.99	0.002	28.58	0.754	0.529	0.586	0.412
30	0.0098	1.829	0.48	1.1	0.153	10.66	0.99	0.002	303.6	1.119	0.475	0.6697	0.366
RB198													
10	0.007	1.824	0.9	0.006	0.054	2.014	0.97	0.017	0.468	2.493	0.975	0.1988	0.952
20	0.0098	2.9	0.86	0.075	0.099	3.852	0.97	0.044	0.778	1.207	0.971	0.4009	0.904
30	0.0119	4.301	0.92	0.146	0.021	5.875	0.97	0.05	1.656	0.883	0.944	0.56	0.934
DY50													
10	0.0028	1.213	0.94	0.079	0.049	0.724	0.85	0.018	0.068	7.553	0.913	0.0657	0.98
20	0.0038	1.39	0.85	0.06	0.058	1.055	0.94	0.019	0.143	4.57	0.957	0.1042	0.95
30	0.0038	1.376	0.71	0.012	0.14	1.32	0.99	0.0005	0.453	3.731	0.937	0.12	0.83
NBB													
0%	0.003	0.494	0.838	0.015	0.356	0.378	0.983	0.0020	.11	13.5	0.9768	0.036	0.926
0,05%	0.009	2.452	0.801	0.416	0.078	6.305	0.999	0.011	5.2	0.85	0.8279	0.099	0.585
1%	0.005	0.82	0.472	0.212	0.342	2.74	0.999	0.0019	.09	2.504	0.52	0.179	0.416
2%	0.004	0.494	0.621	0.088	0.373	1.309	0.998	0.0021	.84	4.697	0.69	0.529	0.672

A Tabela II.14 mostra as constantes determinadas a partir das isotérmicas de Langmuir, Freundlich, Temkin e Dubinin. A isotérmica de Freundlich corresponde bastante bem aos dados experimentais com coeficientes de correlação que são bastante ëlevës ($R^2 > 0{,}78$). A cohërence da isoterma de Freundlich com os dados experimentais revela que a adsorção pode ocorrer em sítios de adsorção heterogéneos. Além disso, a adsorção de NBB na superfície das membranas cruas poderia ser descrita pela equação de Langmuir.

Quadro II. 14. Constantes de Langmuir, Freundlich, Temkin e Redushkevich para a adsorção adsorção dos corantes estudados na superfície das membranas de celulose

T (°C)	Langmuir			Freundlich / Temkin							Dubinin		
	qm	R²	SSE	KF	n	R²		Em	R²	qm	E R²		SSE
RB198													
25	16.52	0.81	0.41	0.391	.50	0.781	2.955	0.2	0.946	7.0766	40.	0.848	0.447
40	17.85	0.81	0.67	0.	171.29	0.924	2.834	0.13	0.960	5.2221	19.	0.7168	0.47
60	20.242	0.696	1.022	0.	11.20	0.97	2.443	0.1	0.909	3.632	28.	0.639	0.488
BM													
25	48.309	0.728	8.379	0.021	.14	0.985	4.811	0.12	0.895	5.8814	18.	0.5395	11.2
40	51.282	0.78	6.781	0.	001.11	0.9954	.19	0.11	0.896	6.0122	21.	0.6431	9.79
60	25.188	0.917	7.72	0.	001.14	0.992	2.564	0.12	0.9	4.1768	35.	0.7349	9.12
DY50													
25	48.30	0.72	2.02	0.	191.14	0.985	4.811	0.1	0.89	5.8814	18.	0.53	0.8

							2			95		
	9	8										
40	39.215	0.637	1.614	0.6	131.13	0.977 3.752	0.13	0.88 5.6933		28.0.65 97	0.7	
60	23.809	0.739	0.92	0.091	.13	0.983 2.329	0.15	0.868 4	3.8098	500.73 7	0.41	

NBB : Membranas em bruto												
25	7.132	0.057	0.997	0.053	1.242	.930 81.35	.	0.929	0.98	5.09	25 2	0.87 6	0.15
40	6.707	0.029	0.99	0.09	0.592	. 91.3	210.	0.348	0.98	4.21	28.86 1	0.80 5	0.158
60	6.215	0.02	0.979	0.12	0.	311.830 91.24	.	0.256	0.97	3.36	40.82 4	0.74 41	0.16

NBB : Membranas funcionalizadas												
25	84.74	0.014	0.87	2.085	2.061	.5	440.815	0.238	0.98	38.0	17.14 8	0.92 97	2.58
40	86.2	0.009	0.77	2.82	1.471	. 400.814.7		0.171	0.98	35	21.32	0.89 5	2.29
60	75.18	0.008	0.79	2.52	1.261	.2	430.812	0.172	0.95	26.4	35.35 6	0.70 54	2.35

Parâmetros termodinâmicos

		ΔH^* (KJ.mol^{-1})			ΔS^* (J.mol^{-1})		ΔG^* (KJ.mol^{-1})		
	T (°C)	25	40	60	25	40 60	25	40	60
Membranas em bruto	RB198	-28.255			-132		11.294	13.285	15.939
	DY50	-0.117			-47		14.149	15.825	15.825
	NBB	-24.152			-105		7.273	8.855	10.964
	MB	-0.389			-50		14.744	15.506	16.521
Membranas funcionalizadas	NBB	-12.071			76		10.804	11.956	13.491

Os valores negativos de entalpia sugerem que a interação entre os corantes ëtudiës e as membranas celulósicas é exotérmica. Este resultado está em boa concordância tanto com a diminuição da capacidade de adsorção em função da temperatura como com a diminuição das constantes de energia de adsorção (B) calculadas a partir da liquidação de Temkin. Os valores positivos de AG* e os valores negativos de AS* indicam, respetivamente, um mecanismo não espontâneo e uma diminuição da desordem. No caso da adsorção de NBB utilizando membranas funcionalizadas, a cationização aumenta a desordem do sistema.

Conclusão

Em resumo, esta secção centrou-se na exploração e caraterização de novos materiais derivados de cascas de camarão, resíduos de frutos de amêndoa, fibras vegetais e resíduos de tâmaras. A funcionalização do quitosano com amino-sílica e dos outros materiais celulósicos com o polímero de quitosano ou com um copolímero compensou a baixa afinidade dos materiais celulósicos para os corantes aniónicos. Todos os materiais apresentaram desempenhos de adsorção muito competitivos para diferentes classes de corantes: catiónicos, ácidos, reactivos e directos. Em suma, neste estudo demonstrámos a possibilidade de recuperar novos materiais a partir de resíduos de biomassa, que são muito abundantes e sem custos significativos, para aplicações ambientais em particular.

Capítulo III

Produção ecológica de nanopartículas a partir de biomassa para aplicações no tratamento de resíduos: Adsorção e degradação de corantes.

Introdução

Atualmente, a aplicação de nanomateriais desenvolveu-se em mëdecm [70, 71], sensores [72, 73], tratamento de água [74, 75], etc. Isto significa que a flora é amplamente examinada. Isto significa que a flora é amplamente examinada. Por exemplo, Saranyaadevi et al. descreveram a síntese de nanopartículas de óxido de cobre utilizando o extrato de capparious zeylanica [76]. Patel et al. relataram a síntese de nanopartículas de cobre utilizando ocimum sanctum [77]. Angrasan e Subbaiya avaliaram as actividades antibacterianas de nanopartículas de cobre preparadas a partir de vitis vinifera [78]. Nagar e Devra sintetizaram nanopartículas de cobre utilizando extrato de Azadirachta indica [79]. Foi demonstrado que os materiais enriquecidos em grupos carbonilo, carboxilo, hidroxilo alifático e fenólico são responsáveis pela redução de iões metálicos a óxidos metálicos. Estas biomoléculas podem criar um ambiente protetor na superfície das nanopartículas e contribuir para a sua estabilização, formando um obstáculo estérico à sua volta.

Neste contexto, propomos sintetizar novas nanopartículas a partir de lenhina extraída de fibras de choupo e de extractos aquosos de folhas de loureiro, de folhas de pergularia e de fungos do malte. A escolha destes extractos justifica-se pela riqueza destes biomateriais em materiais activos capazes de reduzir metais.

I. Extração de lenhina de fibras de choupo: produção de nanopartículas

I.1 Preparação de um extrato alcalino de lenhina a partir de fibras de choupo e síntese de nanopartículas

Em primeiro lugar, as fibras de choupo recolhidas foram cuidadosamente lavadas com água para remover as partículas de areia e os detritos, materiais indesejáveis depositados na superfície. As fibras foram depois secas numa estufa de vácuo a 60°C durante 24 h e moídas em pequenos pós utilizando um moinho Moulinex original. As partículas foram novamente lavadas com água destilada para limpar o pó resultante do processo de trituração. Após a limpeza, as fibras foram secas a 70°C durante 24 horas. As fibras secas foram então tratadas com uma solução de NaOH (4% p/v) a 80°C durante 2 h (proporção de banho 1:40) com agitação magnética. A mudança de cor da solução, de branco-amarelado (estado inicial) para preto-escuro (estado final), é prova da extração da lenhina (Figura III.1). O extrato alcalino de lenhina resultante é então utilizado para a produção de nanopartículas de cobre.

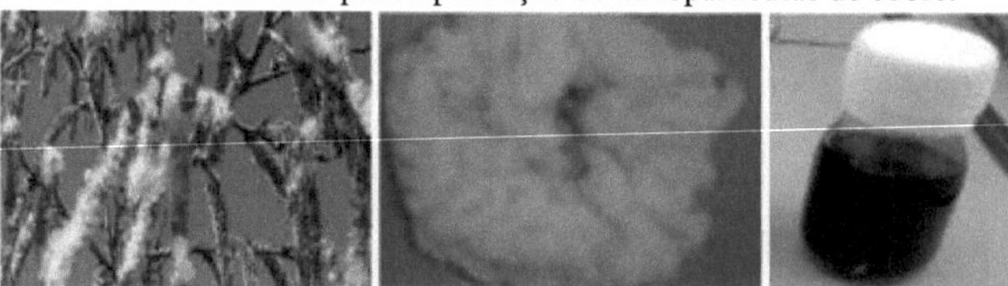

Figura III. 1: Preparação de um extrato de alacalina de lenhina de fibras de choupo

A síntese de nanopartículas de cobre a ëlë rëalisëe de acordo com o mëtodo dëcrito nos nossos ëtudes anteriores com modificações [80-82]. Aqui, um volume de 3 mL da solução de lignina alcalina recém-preparada obtida a partir de fibras de álamo é misturado' com 27 mL de solução de sulfato de cobre (CuSO4 .5H2O, 0,5 M) em um balão redondo. A mistura foi agitada continuamente durante 60 minutos a 80°C. A mudança de cor da solução durante a reação indica a redução dos iões de sulfato de cobre a nanopartículas de cobre. Finalmente, a solução foi centrifugada a 12.000 rpm durante 5 min. A precipitação é ^^ë^ como o produto final e depois analisada analiticamente.

I.2 Caracterização do CuO

A formação de nanopartículas de cobre foi primeiramente ëlë confirmadaëe pela observação da mudança de cor da solução de sulfato de cobre. De facto, a mudança gradual de cor de azul para verde Амеë a ëlë observada com a adição de extrato alcalino de lenhina à solução de sulfato de cobre. Isto prova a redução dos iões de cobre a nanopartículas de óxido de cobre.

A Figura Ш.2 mostra os espectros IR-TF das partículas de sulfato de cobre, das fibras originais de choupo, da lenhina extraída e das nanopartículas de CuO formadas. [1-1-1-1]O espetro de CuSO4 mostra picos de absorção a 3094 cm, 1652 cm, 1063 cm e 863 cm. [1]O pico a 3094 cm corresponde ao grupo hidroxilo. Os picos observados em valores mais baixos correspondem a vibrações entre os átomos de oxigénio e não-metilo [83].

[1-1]As bandas em torno de 2916 cm e 2852 cm são atribuídas à vibração de estiramento CH dos grupos alifáticos da lenhina [84]. [1-1]As bandas observadas em torno de 1507 cm e 1374 - 1187 cm são atribuídas, respetivamente, à vibração de estiramento C=C do anel aromático e à vibração de estiramento C-O do éster [85]. [1]As bandas entre 1026 e 718 cm são atribuídas aos grupos aromáticos de vibração C=O, C-O e C-H fora da dëformação planar e aos grupos OH do álcool primário [86].

Resumidamente, os resultados do FT-IR confirmam que a lenhina extraída é rica em grupos carbonilo, carboxilo, hidroxilo alifático e fenólico, que são responsáveis pela redução de iões de cobre a nanopartículas de CuO. De facto, estas biomoléculas podem criar um ambiente protetor na superfície das nanopartículas e contribuir para a sua estabilização, formando um empacotamento estérico à sua volta [87, 88]. Esta tendência sugere que o extrato alcalino da lenhina estudada actua como um agente redutor e um suporte para as nanopartículas formadas.

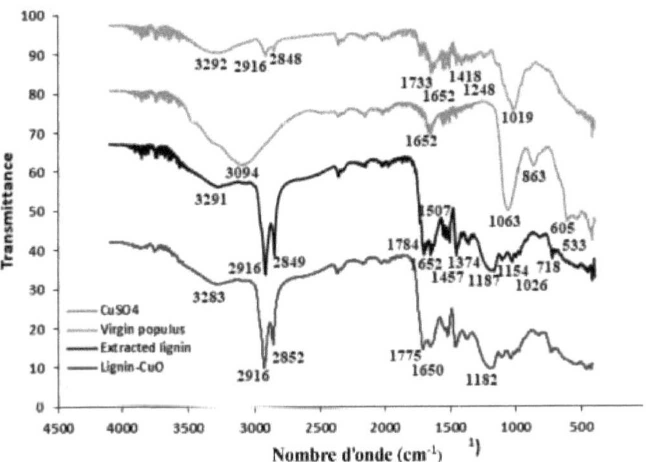

Figura III. 2. Espectros IR-TF de partículas de sulfato de cobre, fibras de choupo, lenhina extraída e CuO

lenhina e nanopartículas de formiato de CuO

O diagrama III.1 mostra uma via mecânica para a produção de nanopartículas de óxido de cobre. Em primeiro lugar, a lenhina pode ser dissolvida numa solução alcalina na qual se pode formar CuOH. Em segundo lugar, os grupos hidroxilo alifáticos da lenhina podem formar agentes complexantes com o sulfato de cobre como sais precursores, formando assim um ligando com os iões de cobre. Isto inicia o processo de nucleação, que leva à formação de óxidos metálicos.

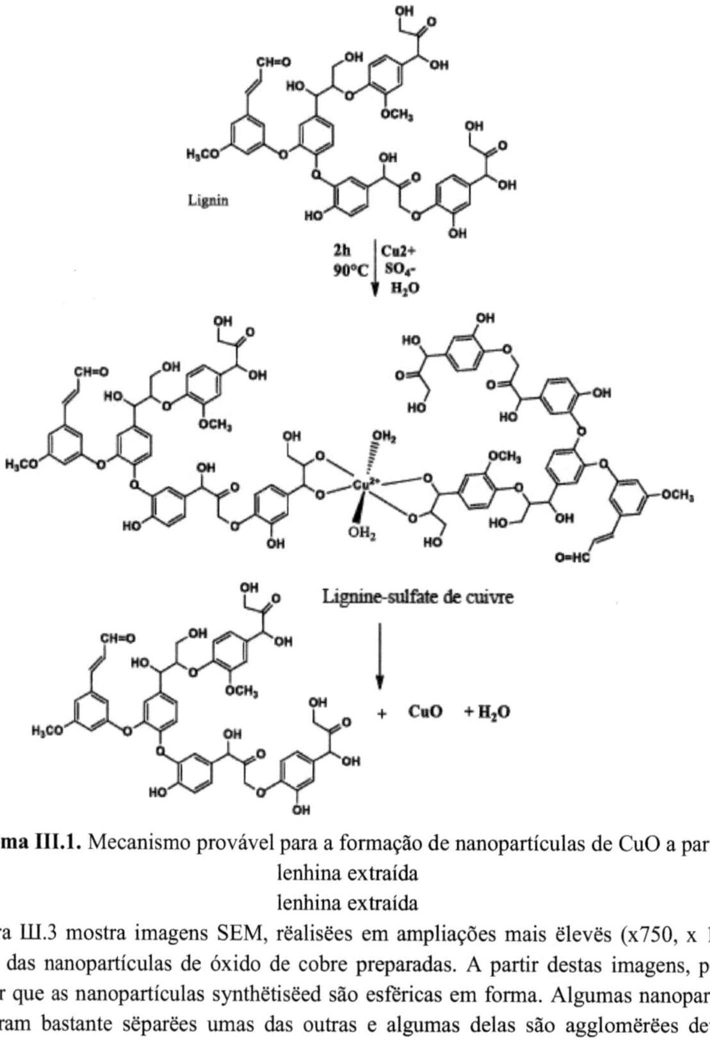

Esquema III.1. Mecanismo provável para a formação de nanopartículas de CuO a partir de lenhina extraída
lenhina extraída

A Figura III.3 mostra imagens SEM, rëalisëes em ampliações mais ëlevës (x750, x 1500 e x3000), das nanopartículas de óxido de cobre preparadas. A partir destas imagens, pode-se observar que as nanopartículas synthëtisëed são esféricas em forma. Algumas nanopartículas apareceram bastante sëparëes umas das outras e algumas delas são agglomërëes devido à oxidação das nanopartículas mëtálicas.

Figura III. 3. Imagens SEM das nanopartículas formadas a partir do extrato alcalino de lenhina

O espetro de EDX, apresentado na Figura III.4, mostra um pico intenso a 0,9 e picos menos intensos a 8,1 e 8,9 keV representando CuLa, CuKa e CиKв [89], contribuindo respetivamente para uma percentagem em peso de 43,69%. Um pico intenso de oxigénio elementar foi observado a 0,5 keV com uma percentagem em peso de 39,84%, confirmando a formação de CuO. A presença de S a 2,4 KeV com uma percentagem em peso de 16,47% indica resíduos do processo de oxidação [90, 91].

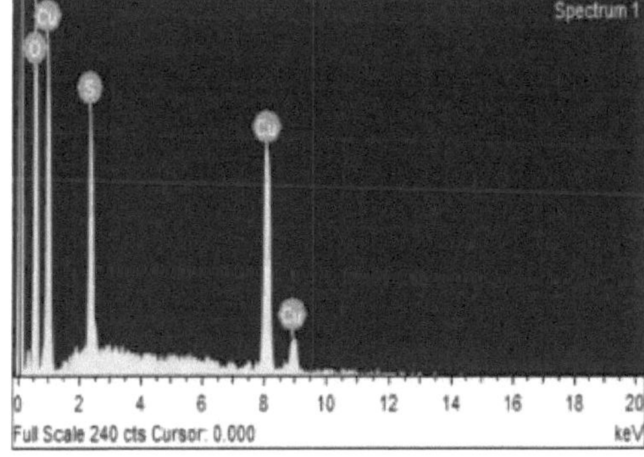

Elementos	Peso	Atómico
O K	39.84	67.46
S K	16.47	13.91

Cu L	43.69	18.63
Total	100.00	

Figura **III. 4.** Varrimentos EDX e composição química das nanopartículas formadas a partir do extrato alcalino de lenhina.

Extrato alcalino de lenhina

O espetro de XRD das nanopartículas de CuO é apresentado na Figura III. 5. O espetro mostra valores de 26 a 33,6°, 35,9, 38, 46,5, 50,5, 59,4, 62, 65,5, 67,2, 72,5 que correspondem aos planos (1 1 0), (1 1 -1), (1 1 1), (2 0 -2), (1 1 2), (2 0 2), (1 1 -3), (3 1 0), (1 1 3), (2 2 1 1) da fase monoclínica do óxido de cobre (CuO) (JCPDS No : 98-009-2367). A presença de picos de difração em torno de 26 = 35-39° prova a formação de CuO [92]. Os picos observados a 30,8° e 41,6° correspondem aos planos (0 1 1), (0 0 2) do Cu_2O (JCPDS No: 96-9005770). O pico observado a 43,5° é atribuído ao plano (1 1 1) do Cu (JCPDS No: 04-0836). Os outros picos observados entre 10° e 30° revelam a presença de grupos redutores na superfície das nanopartículas de cobre. Os resultados obtidos estão de acordo com a literatura que relata a preparação de nanopartículas de óxido de cobre a partir de outros extractos biológicos [93-95].

Utilizando a equação de Scherrer, o tamanho médio dos cristais das nanopartículas de óxido de cobre foi determinado como sendo de 12,4 nm.

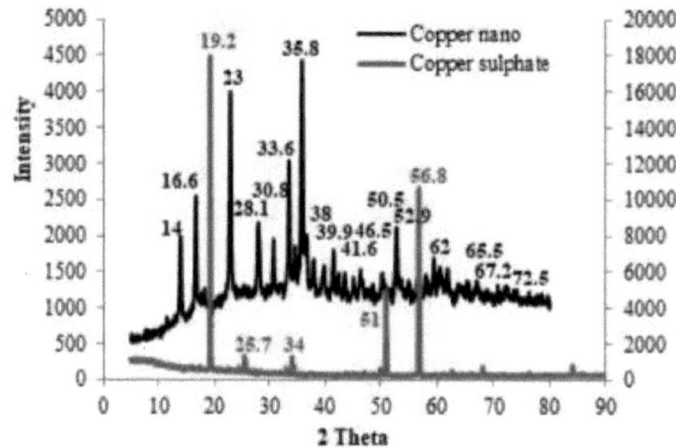

Figura **III.5:** Espectro de XRD do sulfato de cobre e das nanopartículas formadas a partir do extrato alcalino de lenhina.

Extrato alcalino de lenhina

As imagens de TEM mostraram uma morfologia esférica (Figura III.6). No geral, as nanopartículas apresentaram uma estrutura de forma esférica. A sobreposição das nanopartículas resulta em diferentes padrões justificados pela presença do extrato alcalino de lignina na superfície das partículas de CuO. Os resultados de TEM também são consistentes com os resultados de IR-TF, SEM e XRD.

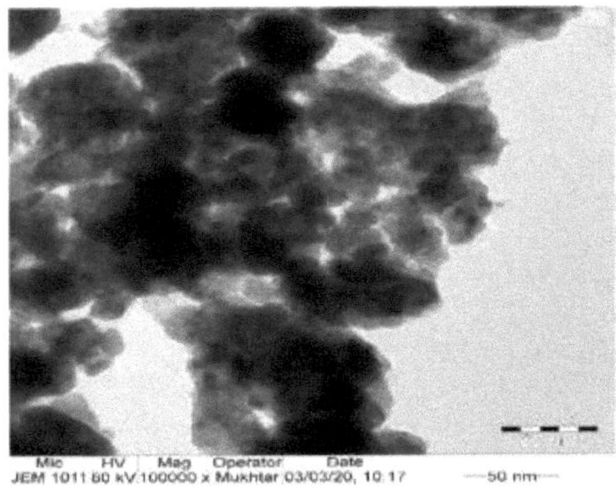

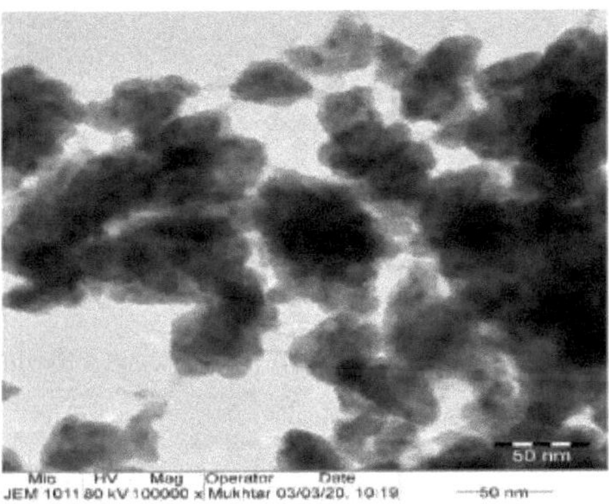

Figura III. 6 Imagens TEM das nanopartículas formadas a partir do extrato alcalino de lenhina

I.3 Aplicação das nanopartículas preparadas para a adsorção de azul de metileno

1.3.1 Influência dos parâmetros experimentais na adsorção de azul de metileno

O pH inicial da solução, a duração do contacto adsorvente-adsorvato, a concentração de azul de metileno e a tempëratura da solução foram etë ëtudiës de forma a definir as condições ótimas para o processo de biossorção na presença de nanopartículas de CuO.

Os dados da Figura III.7a mostram que a biossorção de azul de metileno aumenta rapidamente à medida que o valor inicial do pH da solução colorida aumenta de 3 para 6, acima do qual não se observa mais adsorção. Estes resultados podem ser interpretados pelo facto de que, em condições de pH fortemente ácido, as nanopartículas de CuO são carregadas positivamente devido à protonação. De facto, esta protonação opõe-se aos iões de azul de metileno carregados positivamente, diminuindo assim a capacidade de adsorção nestas condições. O valor ótimo de pH para atingir a adsorção máxima é observado no valor 6. Isto sugere que a superfície das nanopartículas fica carregada negativamente devido à desprotonação dos grupos de oxigénio, levando a uma interação eletrostática com as moléculas catiónicas do corante.

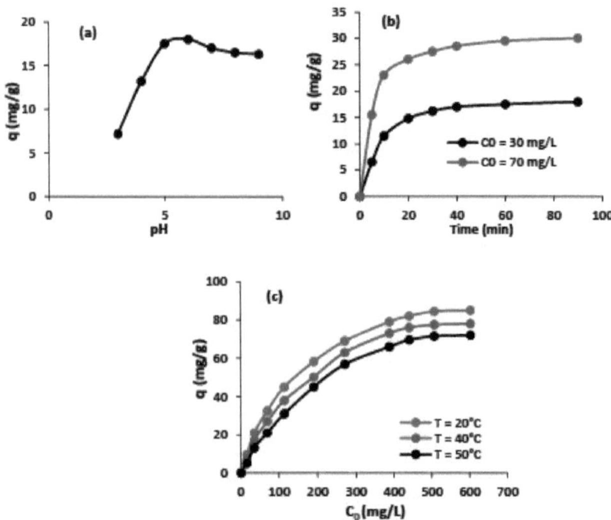

Figura III. 7: Variação da capacidade adsorvida em função de : (a) pH (T= 20°C, tempo = 60 min), (b) tempo (T= 20°C, pH = 6), e (c) temperatura (pH = 6, tempo = 60 min).

O efeito do tempo de reação na biossorção de azul de metélia utilizando nanopartículas de CuO é apresentado na Figura III.7b. A capacidade de adsorção aumenta rapidamente durante os primeiros 20 minutos e atinge o equilíbrio aos 40 minutos de contacto. De facto, mais de 85% do objetivo foi alcançado nos primeiros 20 minutos. Este resultado demonstra a eficácia da utilização de nanopartículas de CuO para remover o azul de metileno da água. De facto, na superfície do adsorvente estudado estão disponíveis numerosos sítios activos não ocupados durante o primeiro período de tempo, que são responsáveis pela grande adsorção das moléculas de corante. Após 40 minutos de reação, a superfície do adsorvente está parcialmente preenchida e, consequentemente, não se verificou mais nenhum aumento da capacidade de adsorção.

De acordo com os dados apresentados na Figura III.7c, a adsorção de azul de metileno é rápida a baixas concentrações de corante e torna-se quase estável quando a concentração atinge valores elevados. As elevadas capacidades de adsorção a concentrações mais baixas de corante devem-se à disponibilidade de sítios de adsorção na superfície das nanopartículas de CuO. Quando o equilíbrio é atingido, a capacidade máxima de adsorção é de 85 mg/g (pH = 6, t = 60 min, T = 20°C). Esta capacidade de adsorção é significativa. A diminuição da capacidade de adsorção com o aumento da temperatura pode ser atribuída à fuga dos iões de azul de metileno adsorvidos a uma energia ou temperatura mais elevadas. A adsorção segue um modo exotérmico. A capacidade de adsorção diminui de 85 mg/g para 72 mg/g quando a temperatura é aumentada de 20°C para 50°C. Em comparação com os biossorventes previamente relatados para o azul de metileno e sob as mesmas condições, a capacidade de adsorção obtida para as nanopartículas de CuO (85 mg/g) é, por exemplo, muito maior do que os deciets de juta (22,47 mg/g) [96], e a casca de laranja (18,6 mg/g) [97]. É comparável às esferas de gel de alginato de sódio modificadas com um complexo de deporpiyrin-zinco(II) (52,3 mg/g) [98], ao óxido de cobre preparado a partir de extrato de cera de malte (64 mg/g)

[81] e ao óxido de cobre preparado a partir de louro rosa (81,2 mg/g) [80].

I.3.2. Estudo cinético

No equilíbrio, a compreensão da interação entre as moléculas de azul de metileno e as nanopartículas de CuO pode ser interpretada através da modelização dos dados cinéticos experimentais utilizando as equações de difusão de pseudo-primeira ordem, pseudo-segunda ordem, Elovich e intra-partículas. Esta modelização fornece informações sobre o mecanismo de biossorção, caso se trate de um fenómeno físico, químico e/ou de transferência de massa. [2]Os valores dos coeficientes de correlação (R) para a equação cinética de pseudo-segunda ordem são iguais a 0,99, superiores aos das outras equações cinéticas estudadas (Figura III.8, Tabela III.1). Além disso, os valores calculados da capacidade de adsorção, determinados para o modelo de pseudo-segunda ordem, mostraram uma excelente concordância com os valores experimentais. Estas tendências indicam a natureza química do processo de adsorção do azul de metileno na superfície das nanopartículas de CuO. [1/2]A relação entre qt e t para a equação de difusão intra-partícula (Figura III. 8d) mostra uma clara divergência em relação à origem do gráfico. Isto confirma que este modelo cinético não é o único passo que controla a taxa, mas que podem existir outros processos cinéticos durante a adsorção.

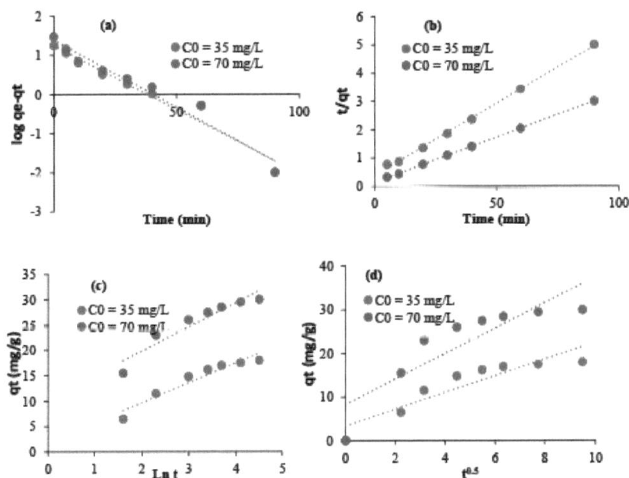

Figura III. 8: Modelação cinética: (a) pseudo primeira ordem, (b) pseudo segunda ordem, (c) Elovich, e (d) difusão intra-partícula.

Tabela III. 1: Constantes cinéticas, isotérmicas e parâmetros termodinâmicos relacionados com a

adsorção de azul de metileno na presença de nanopartículas de CuO.

Equações pseudo-cinéticas	Constantes	Concentração (mg/L)		Isotérmicas	Parâmetros	Temperatura (°C)		
		30	70			20	40	55
primeiro ordem	$^{-1}K_i$ (min)	0.033	0.035		$_m q$ (mg.g$^{-1)}$)	105.26	104.16	103.09
	q(mg.g$^{-1)}$)	17.78	24.95	Langmuir	$^{-1}K_L$(L. g)	0.0074	0.0058	0.0042
	R^2	0.96	0.96		R^2	0.99	0.99	0.98
Nome de utilizador segundo	K_2	0.0067	0.0072	Parâmetros termodinâmica	ДH° (KJ $^{-1}$mol)	-4.17		

ordem	q	19.72	31.55		$AS°$ (J $^{-1}$mol)		-30.49	
	R^2	0.99	0.99		$AG°$ (KJ $^{-1}$mol)	8.93	9.54	9.85
					$^{-1}$Kpfl.g)	13.17	4.95	1.54
Elovich	$^{-1-1}$a(mg.g .min)	9.26	27.11	Freundlich	n	1.83	1.66	1.49
	$^{-1-1}ß$ (mg.g .min)	0.25	0.21		R^2	0.98	0.98	0.98
	R^2	0.92	0.90		$_T$$^{-1}$b (J.mol)	117.31	131.34	142.33
Difusão	^{112}K(mg.g .min /)	1.92	2.92	Temkin	$^{-1}$A(L.g)	9.91	11.71	13.86
intra-	R^2	0.84	0.77		R^2	0.96	0.95	0.94
particulado								

I.3.2. Isotérmicas de adsorção

As isotérmicas podem esclarecer o comportamento da interação entre o adsorvente e o adsorvato, bem como a distribuição do adsorvato entre a fase sólida e a fase de solução durante o processo de adsorção. Neste estudo, as isotérmicas foram estudadas utilizando os modelos de Langmuir e Freundlichet Temkin. Os gráficos, os parâmetros correspondentes e os coeficientes de correlação são apresentados na Figura III.9 e na Tabela III.1, respetivamente.

Os parâmetros do modelo calculado mostram uma melhor concordância com os modelos de Langmuir e Feundlich (R2 > 0,98). Este facto sugere que a adsorção ocorre em monocamadas e multicamadas. A diminuição dos valores de KF com o aumento dos valores de temperatura de 13,17 para 1,54 prova que as capacidades de adsorção mais baixas ocorrem a valores de temperatura mais elevados. Os valores de BT calculados a partir da equação de Temkin, relacionados com a adsorção de calor, situam-se entre 20,76, 19,81 e 18,87 J/mol, respetivamente, para as temperaturas de 20, 40 e 55°C. Estes valores são superiores a 1, o que sugere interação eletrostática e heterogeneidade dos poros na superfície do biossorvente. A diminuição destas constantes com o aumento da temperatura é consistente com a diminuição da capacidade de adsorção de azul de metileno com o aumento da temperatura.

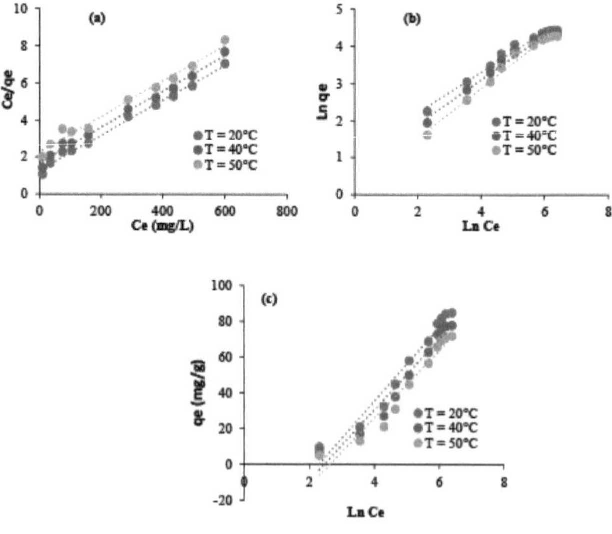

Figura III. 9. Gráficos de isoterma para 1 adsorção de azul de тёЛу1епе na presença de azul de тёЛу1епе.

Nanopartículas de CuO: (a) Langmuir, (b) Freundlich e (c) Temkin

Os parâmetros termodinâmicos (AH° e AS°) foram calculados a partir dos dados obtidos da Nºacë de Ln кd em função de 1 inverso da tempëratura (Figura Ш.10). O valor negativo de entalpia (AH° = -4,17 Kj/mol) confirma que o phënomëne de adsorção do azul тёЛу^ис à superfície da nanopartícula é exotérmico, o que está de acordo com os resultados do efeito tempëratura. Os valores de energia de Gibbs positivos calculados (AG° = 8,93 - 9,85 Kj/mol) mostram um processo não-espontâneoKd. O valor de entropia ^gativa (AS° = -30,49 j/mol) rëyëк a diminuição do carácter ateatório da interface adsorvente-solução após a adsorção de azul de mëthylëne.

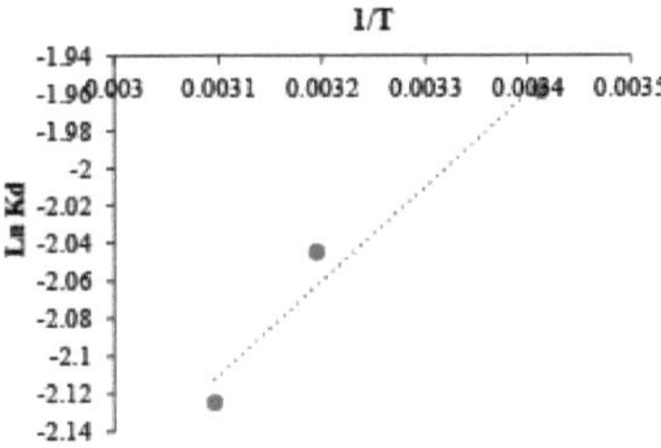

Figura III. 10. Gráfico de Ln Kd versus 1/T Hë na adsorção de тёШу1епе na presença de nanopartículas de CuO preparadas.

II. Síntese ecológica de nanopartículas a partir de tolhas de loureiro, folhas de pergularia e fungos de malta, caraterização e aplicação

II.1 Síntese de nanopartículas a partir de folhas de loureiro, folhas de pergularia e cogumelos malta

As folhas de pergularia foram cultivadas na região de Sidi Bouzid-Tunisia durante o inverno (janeiro). As folhas de louro e os cogumelos malta foram recolhidos na região de Skanes-Monastir. As biomassas recolhidas foram lavadas com água destilada para remover quaisquer impurezas depositadas na superfície e depois secas no escuro durante aproximadamente 10 dias. Um misturador elétrico foi utilizado para triturar as fracções de biomassa em pós finos. 10 g das fracções moídas foram misturadas com 150 mL de água destilada e aquecidas num balão durante 90 minutos a 70°C. Depois, a solução colorida foi arrefecida à temperatura ambiente e filtrada. Em seguida, o extrato colorido obtido (100 mL) foi adicionado a 100 mL de uma solução de sulfato de cobre ($CuSO_4$. $5H_2O$, 1M). A solução de sal mëtálico e o extrato biológico foram ëlë agile's a 70°C por 120 minutos. Após um determinado tempo, a cor mudou, indicando a redução do sal de cobre a nanopartículas de óxido de cobre (Figura III.11). No final da reação, a mistura foi centrifugada durante 20 minutos. As nanopartículas obtidas foram ëtë sëchëes a 150°C durante 12 horas.

Figura III. 11. Fotografias mostrando as diferentes etapas da síntese de nanopartículas de óxido de cobre

nanopartículas de óxido de cobre a partir de folhas de pergularia, folhas de louro e cogumelos malta.

II.2. Ensaios de adsorção e redução catalítica do azul de metileno

As experiências de adsorção foram realizadas em modo descontínuo utilizando frascos Erlenmeyer contendo 0,0125 g de nanopartículas sintetizadas e 20 mL de azul de metileno, com agitação magnética a 125 rpm. Após cada experiência, o líquido foi filtrado com papel de filtro e a sua absorvância foi avaliada com um espetrofotómetro.

A redução catalítica do azul de metileno foi efectuada na presença de NaBH4 como agente redutor. Um volume de 8,5 mL de solução de NaBH4 (0,67 g/L) foi misturado com 1,5 mL de solução de azul de metileno (0,32 g/L). A esta solução (volume = 10 mL), foi adicionada uma quantidade de nanopartículas (0,005 g). A solução foi agitada em intervalos de tempo regulares à temperatura ambiente e analisada no comprimento de onda máximo de 665 nm. O rendimento da descoloração foi calculado utilizando a seguinte fórmula:

$$R(\%) = \frac{(A0 - At)}{A0} \times 100$$

Em que A0 e At são as absorvâncias medidas no tempo t = 0 e no tempo t, respetivamente.

Para compreender melhor a cinética da redução catalítica da solução de azul de metileno e para determinar a constante de velocidade de pseudo-primeira ordem, k_o, os valores de Ln Ct/Co foram representados em função do tempo:

$$\ln C_t/C_0 = -k_0 t$$

Onde t é o tempo estudado durante a degradação, k0 é a constante de velocidade de primeira ordem e C e C0 são definidos como as concentrações de azul de metileno nos tempos t e 0.

II.3 Caracterização das nanopartículas sintetizadas

[-1-1]Os espectros de IV das folhas de pergularia, das folhas de loureiro, dos cogumelos maltados e das nanopartículas de óxido de cobre sintetizadas a partir dos seus extractos

aquosos são apresentados na Figura III.12. Para os espectros das biomassas estudadas, as bandas registadas a 3312-3199 cm , 2799-2915 cm são atribuídas, respetivamente, aos grupos hidroxilo (OH) e CH dos compostos alifáticos [99]. [-1-1-1]As bandas observadas a 1711-1721 cm , 1544 cm e 1378-1211 cm provam, respetivamente, a presença de grupos C = O, C = C, e C-O [99]. [-1]A banda de absorção observada a 993-1104 cm corresponde ao grupo C-O-C [100]. A particularidade dos espectros de IV das nanopartículas de óxido de cobre em comparação com os que descrevem as biomassas de partida reside no facto de os principais picos característicos das nanopartículas terem sofrido deslocações químicas. [-1-1]Por exemplo, a banda relativa ao grupo OH (3312 cm) no caso das folhas de pergularia deslocou-se para um valor mais elevado (3510 cm). [-1]A banda do grupo éster deslocou-se para 1607 cm . Estes resultados sugerem que as moléculas nos extractos de biomassa reagiram com os iões de cobre. Uma pesquisa na literatura mostrou que estas biomoléculas são responsáveis pela redução e proteção das nanopartículas contra a oxidação [101-104].

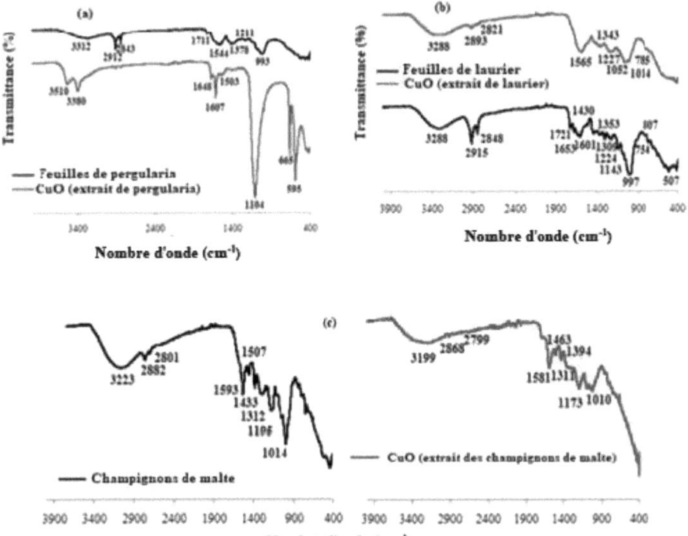

Figura III. 12. Espectro de IV das folhas de pergularia, folhas de loureiro,
cogumelos malta e nanopartículas sintetizadas a partir dos seus extractos aquosos.

As fotografias SEM de nanopartículas de óxido de cobre sintetizadas a partir de extratos de folhas de pergularia, folhas de louro e cogumelos malta são apresentadas nas Figuras III.13-15. As partículas parecem esféricas com alguma aglomeração. Esta aglomeração pode ser devida aos grupos hidroxilo presentes nos extractos biológicos estudados. Esta diferença na distribuição da forma pode ser atribuída à diferença na composição do próprio extrato. A análise química das nanopartículas por EDX (Figura III.13c, Figura III.14c e Figura III.15c) mostra a presença de um pico caraterístico em torno de 1 Kev que é um índice de CuO. Os sinais correspondentes aos átomos de carbono e de oxigénio indicam a presença de compostos fotoquímicos nos extractos biológicos. As baixas quantidades de átomos de P (2,26Z), N (5,83Z), Al (1,24Z) e Fe (0,36Z) observadas no caso das nanopartículas preparadas a partir do extrato de folhas de pergularia são características do produto de partida.

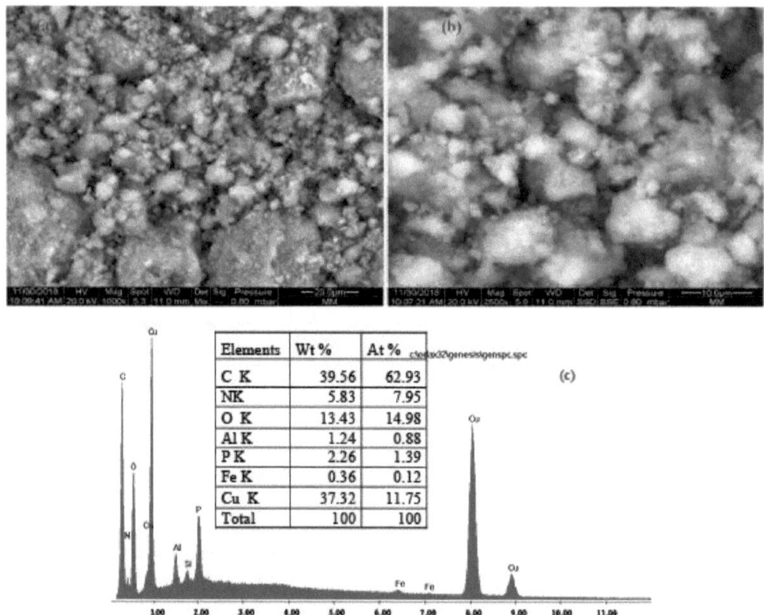

Elements	Wt %	At %
C K	39.56	62.93
N K	5.83	7.95
O K	13.43	14.98
Al K	1.24	0.88
P K	2.26	1.39
Fe K	0.36	0.12
Cu K	37.32	11.75
Total	100	100

Figura III. 13. Fotografias SEM de nanopartículas preparadas a partir de folhas de pergularia observadas em diferentes ampliações: (a) *1000, (b) x 2500, e (c) análise EDX.

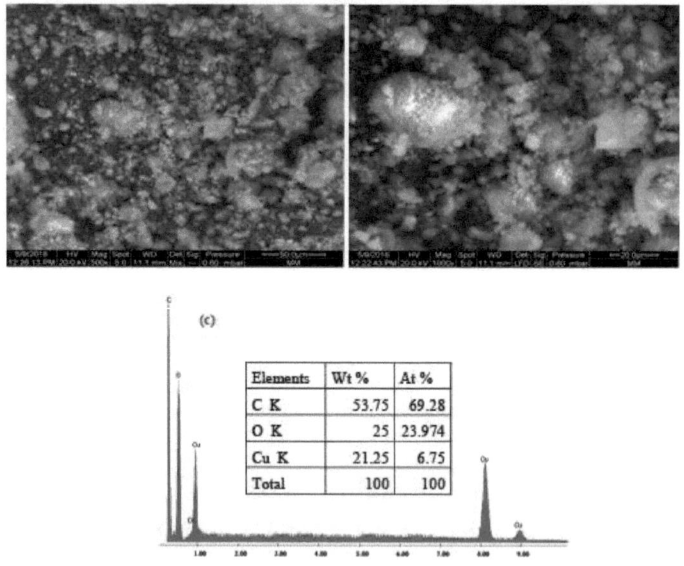

Elements	Wt %	At %
C K	53.75	69.28
O K	25	23.974
Cu K	21.25	6.75
Total	100	100

Figura III. 14. Fotografias SEM de nanopartículas preparadas a partir de folhas de loureiro observadas em diferentes ampliações: (a) x500, (b) x1000, e (c) análise EDX.

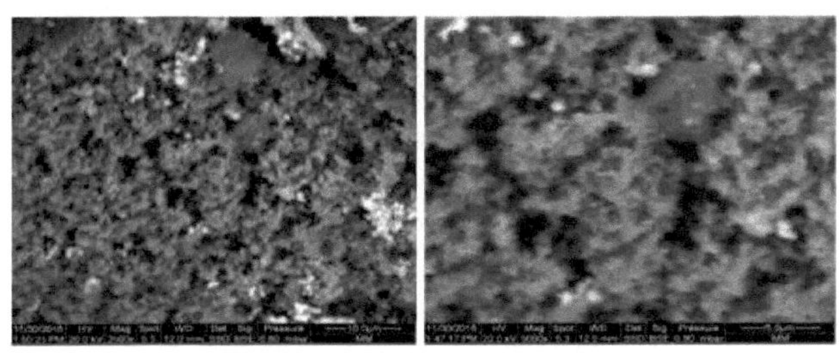

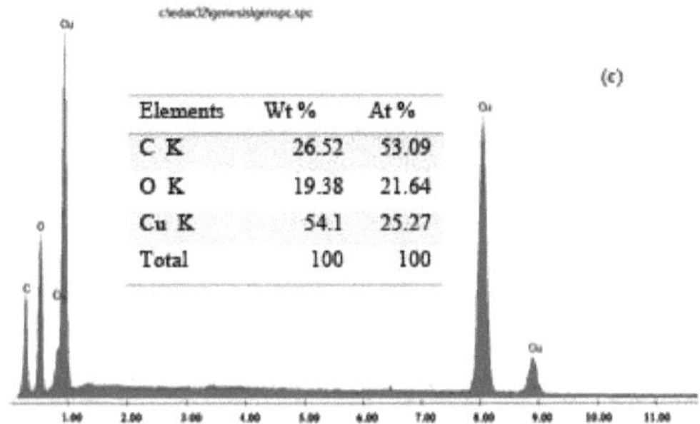

Elements	Wt %	At %
C K	26.52	53.09
O K	19.38	21.64
Cu K	54.1	25.27
Total	100	100

 Figura III. 15. Fotografias SEM de nanopartículas preparadas a partir de fungos do malte observadas em diferentes ampliações: (a) *2500, (b) *5000, e (c) análise EDX.

O mecanismo de formação das nanopartículas de CuO baseia-se na complexação de biomoléculas de extractos biológicos de folhas de pergularia, folhas de louro e fungos de malte com iões de cobre. $^{2+}$De facto, as biomoléculas começam por formar ligandos com os iões Cu através do OH. $^{2+}$O processo de nucleação reduz então os iões Cu a nanopartículas. A temperaturas elevadas (>80°C), o complexo cobre-ligante decompõe-se facilmente, libertando CuO [105]. O malonilhexósido de quercetina e o 3-O-malonilhexósido de isorhamnetina são os principais constituintes das folhas de pergularia tomentosa [106]. O ácido cinâmico é o principal composto identificado nas folhas de louro. A catequina e o ácido clorogénico são constituintes secundários [107]. Os principais constituintes dos fungos do malte são compostos fenólicos, esteróides e triterpenos [108]. O esquema III.1 prevê o mecanismo de formação de nanopartículas de óxido de cobre utilizando extractos biológicos de folhas de pergularia, louro e cogumelos malta.

Quercetin 3-O-malonylglucoside
3h 80°C
Cu²⁺   SO₄⁻
H₂O
150°C
CuO
Adsorption
Catalytic reduction
+ CuO
CuO
Na⁺
Cu—O
Cinnamic acid
Catechin
Chlorogenic acid
CuSO₄
Percursor salts
SO₄²⁻
CuO
H₂O
nanoparticles

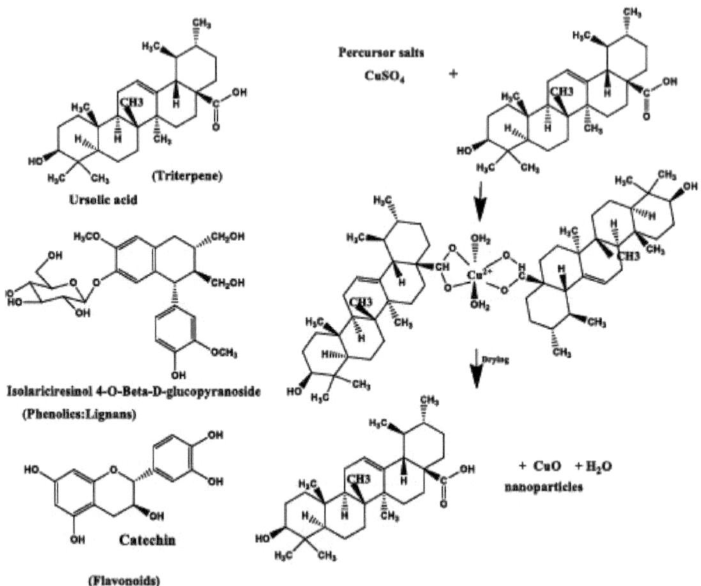

Diagrama III.1. Mecanismo provável que descreve a formação de nanopartículas de óxido de cobre

nanopartículas de óxido de cobre: (**a**) preparadas a partir de folhas de pergularia, (**b**) folhas de louro, e (**c**)

cogumelos malta.

As análises de DRX das nanopartículas de óxido de cobre preparadas a partir de biomassa ëtudiëes foram reprteësentës na Figura III.16. No caso das nanopartículas preparadas a partir das folhas de pergularia, foi registada uma sërie de picos a 29 = 25,4, 31,2, 42,15, 51,84, 62,8 e 76,3. De facto, os picos registados a 29 = 42,15, 51,84,5 e 76,3 foram identificadosës a partir dos planos (111), (200) e (220). Os mesmos resultados foram observados para nanopartículas preparadas a partir de folhas de louro e cogumelos malta. Estes dados sugerem que as nanopartículas sintetizadas têm uma estrutura cúbica centrada na face (JCPDS No. 85-1326). Os resultados obtidos estão em boa concordância com os relatados na literatura [109].

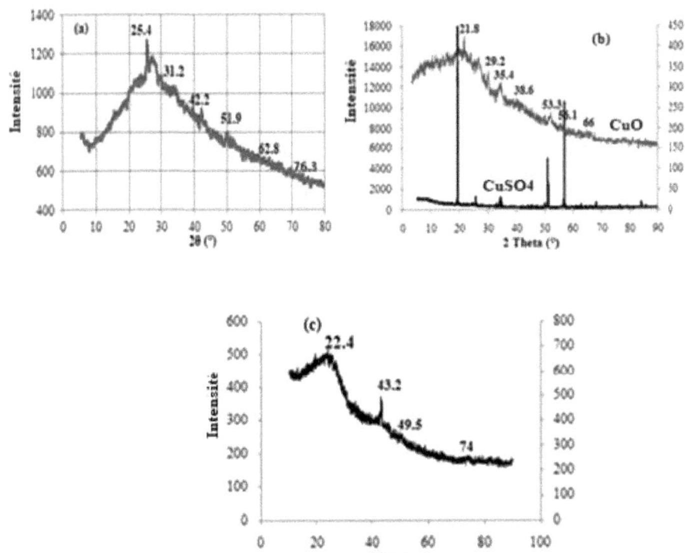

Figura III. 16. Análise XRD das nanopartículas de óxido de cobre preparadas a partir de: (a) folhas de pergularia, (b) folhas de loureiro e (c) cogumelos de malte.

As características morfológicas das nanopartículas de óxido de cobre synthëtisëed de folhas de pergularia foram ële ëvaluatedë por TEM (Figura Ш.17). As nanopartículas são esféricas com tamanhos que variam de 1,7 nm a 15,1 nm. Esta difërença de tamanho sugere a diferença na composição química do extrato. Estes dados estão também de acordo com as análises SEM.

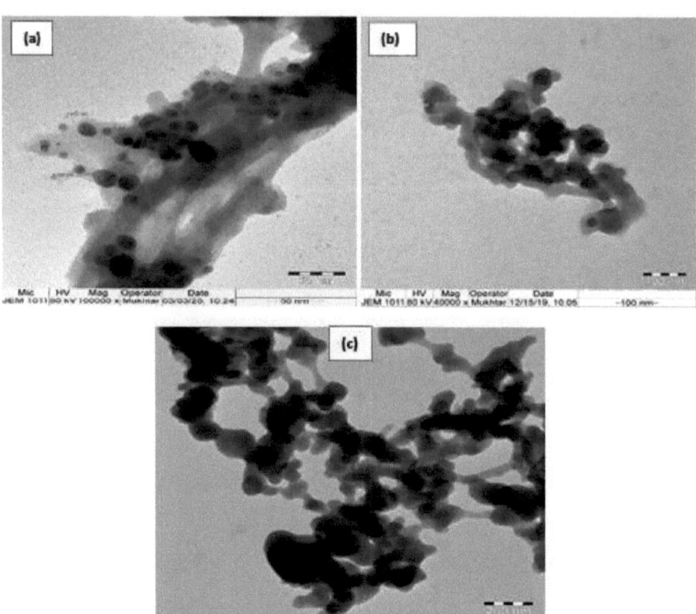

Figura III. 17. Imagens TEM de nanopartículas preparadas a partir de folhas de pergularia:
(a) x 100000, (b) x 40000, e (c) x 20000.

II.4. Aplicação de nanopartículas para a adsorção de azul de metileno

A influência da variação do valor do pH inicial na adsorção do azul de тёЛу1еnе usando
nanopartículas de óxido de cobre preparadas a partir de folhas de pergularia, folhas de louro e
cogumelos de malte é mostrada na Figura III.18a, Figura III.19a e Figura III.20a. Observamos
que a quantidade de azul de metileno adsorvida na superfície das nanopartículas aumenta com
o aumento do valor do pH e atinge o seu máximo a pH = 6. A quantidade adsorvida de azul de
metileno a valores de pH inferiores a 6 pode ser interpretada pelo facto de estarem disponíveis
muitos protões H+ na superfície do adsorvente. [+]Isto conduz a forças de repulsão eletrostática
entre o azul de metileno, enquanto corante catiónico, e os iões H adsorvidos. Em valores de
pH mais elevados e mais precisamente quando pH = 6, a melhoria na capacidade de adsorção
poderia ser justificada: por forças ёlectrostáticas de atração entre o corante catiónico e a
superfície carregada negativamente das nanopartículas.

A Figura III.18b, a Figura III.19b e a Figura III.20b mostram a involução da quantidade
adsorvida de azul de metileno em função do tempo. No caso das nanopartículas preparadas a
partir de folhas de pergularia, o equilíbrio de adsorção do azul de metileno é atingido após 40
minutos de contacto. De facto, mais de 90% do objetivo foi atingido nos primeiros 20
minutos. Isto traduz-se no facto de que durante esta primeira fase, muitos locais de adsorção
activos estão disponíveis na superfície das nanopartículas. A taxa de adsorção abrandou após
20 minutos de reação, uma vez que os locais activos ficaram mais saturados. Após 40 minutos
de reação, não se verificou mais nenhuma adsorção. No caso das nanopartículas preparadas a
partir de folhas de louro e fungos de malte, o equilíbrio em ёle foi atingido aproximadamente

82

após 30 minutos de contacto. Esta rapidez em atingir o equilíbrio de adsorção comprova a eficiência da utilização destas nanopartículas como adsorventes de corantes catiónicos.

A Figura III.18c, a Figura III.19c e a Figura III.20c mostram a quantidade adsorvida de azul de metileno em função da concentração do corante para as nanopartículas preparadas a partir de biomassas. A quantidade máxima adsorvida é de 93,20 mg/g a 22°C no caso das nanopartículas preparadas a partir de folhas de pergularia. É igual a 81,2 mg/g a 22°C no caso das nanopartículas preparadas a partir de folhas de loureiro. É de 64 mg/g a 20°C no caso das nanopartículas preparadas a partir de cogumelos de malte. Observamos também que estas quantidades dependem da temperatura e adoptam um comportamento exotérmico no caso das nanopartículas preparadas a partir de folhas de pergularia e um comportamento endotérmico no caso das nanopartículas preparadas a partir de folhas de loureiro e de fungos de malte. Por exemplo, no caso das nanopartículas preparadas a partir de folhas de pergularia, ao aumentar a temperatura de 22°C para 55°C, a quantidade de corante adsorvido diminui de 93,2 para 83 mg/g (Figura III.18c). Estas capacidades de adsorção registadas são interessantes e, por conseguinte, as nanopartículas preparadas com extractos biológicos podem ser consideradas como bons adsorventes de corantes catiónicos.

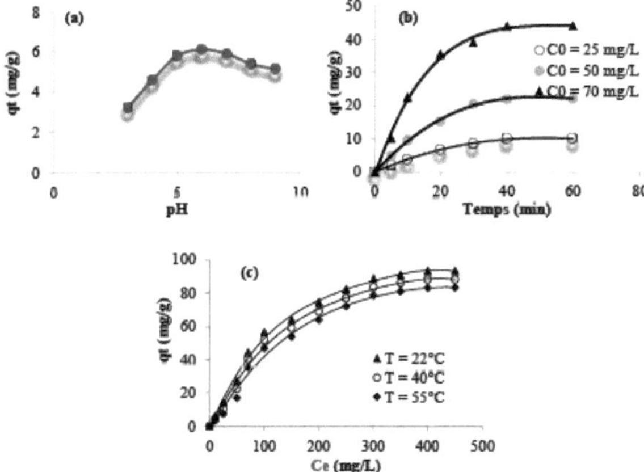

Figura III. 18. (a) Efeito do pH (C0 = 10 mg / L, T = 22 ° C, tempo = 40 min), (b) efeito do tempo de reação, (c) efeito da concentração de corante e tempëratura na capacкë adsorção na presença de nanopartículas preparadas a partir de folhas de pergularia

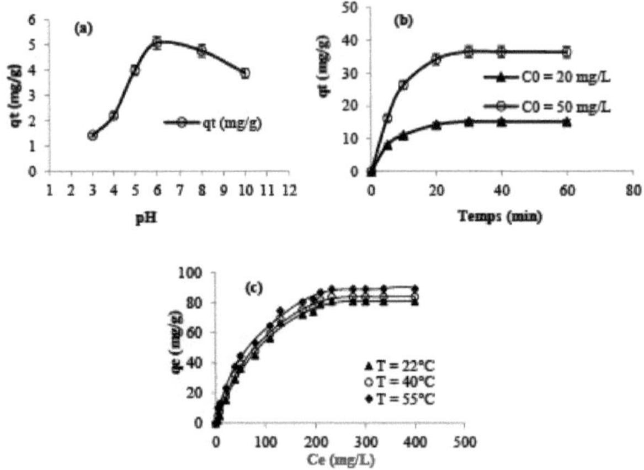

Figura III. 19. (a) Efeito do pH (C0 = 10 mg/L, T= 22°C, tempo = 40 min), (b) efeito do tempo de
reação, (d) efeito da concentração do corante e da tempëratura na capackë
adsorção na presença de nanopartículas preparadas a partir de folhas de Laurier.

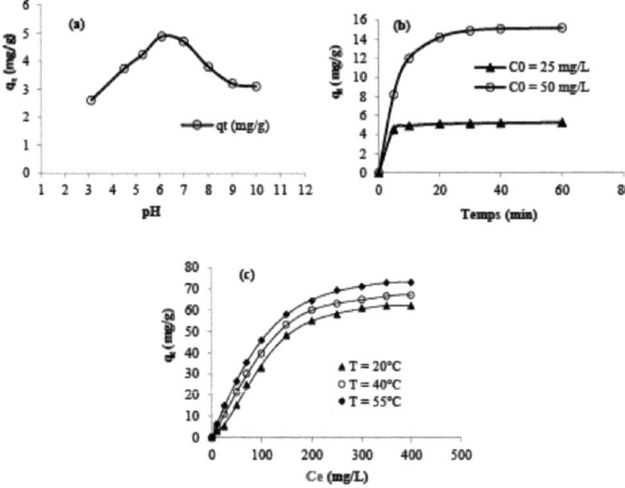

Figura III. 20. (a) Efeito do pH (C0 = 10 mg/L, T= 22°C, tempo = 40 min), (b) efeito do tempo de
reação, (d) efeito da concentração do corante e da tempëratura na capacidade de adsorção na
presença de nanopartículas preparadas a partir de fungos do malte.
capacidade de adsorção na presença de nanopartículas preparadas a partir de fungos de malte
A compreensão do mëcanismo de adsorção de azul тёЛу^ис usando nanopartículas de óxido
de cobre synthëtisëed tem ëlë ëtudiëe usando rëfërant a pseudo-primeira ordem, pseudo-
segunda ordem, Elovich e equações ciiretic de difusão intra-partícula. Os paramëtres cireticos

calculados a partir dos modëles ëtudiës têm ëtë rësumësed nas Tabelas III.2-4. [22]Observamos que os coeficientes de correlação registados para a liquidação ciretica de pseudo segunda ordem (0,95 < R) são maiores quando comparados com os de pseudo primeira ordem (0,81< R < 0,95) para as nanopartículas preparadas a partir das três biomassas. Este resultado sugereëre que os módulos de mëthylëne blue possuem ëlë adsorvido quimicamente. [2]Tracës do modële de difusão intra-partícula ciretico também mostraram coeficientes de correlação bastante razoáveis (R > 0,93) suggërant son applicabil^ pour dëcrire l'adsorption du bleu de mëthylëne dans le cas des nanoparticules préparées a partir des feuilles de pergularia. Isto implica, neste caso, que a taxa de adsorção é controlada pela difusão intra-partícula. [2]Os coeficientes de correlação para a liquação de Elovich são grandes (0,96 < R) no caso das nanopartículas preparadas a partir das folhas de pergularia, o que significa que o mecanismo de adsorção é químico com poros heterogéneos na superfície do adsorvente. Com base em todos estes resultados, o mecanismo de adsorção continua a ser complexo de compreender e podem estar envolvidas muitas etapas.

Tabela III. 2. Resumo das constantes cinéticas, parâmetros de Langmuir, Freundlich, Temkin e Dubinin para a adsorção de azul de metileno na presença de nanopartículas preparadas a partir de pergulariaCuO

Equações cinéticas	Constantes	Concentração de corante (mg/L)		
		25	50	70
Primeiro nome de utilizador ordem	^1K_i (min-)	0.037	0.043	0.048
	^{-1}qCmg.g)	12.79	28.84	59.29
	R^2	0,93	0.95	0.93
Pseudo-segundo Encomendar	K2	0.0022	0.0013	0.0009
	q	15.77	32.79	60.2
	h	0.543	1.37	3.31
Elovich	$^{2\,11}R$ o(mg.g .min)	0.96	0.95	0.96
		1.209	2.91	6.77
	$^{-11}ᵦ$ (mg.g .min)	0.284	0.131	0.07
	R^2	0.98	0.97	0.96
Difusão Intra-particulado	^{1}K(mg.g .min $^{1/2}$)	1.42	3.21	6.58
	R^2	0.96	0.95	0.93

Isotérmicas	Parâmetros	Temperatura (°C)		
		22	40	55
	($^m_{qm\,g}$.g^{-1})	136.99	151.52	172.4
Langmuir	$^{-1}K_L$(L. g)	0.0056	0.00376	0.00254
	R^2	0.97	0.89	0.73
Parâmetros termodinâmicos	^{11}AH° (KJ mol)		-19	
	) AS° (J mol)		-107.43	
	^{1}AG° (KJ mol)	12.692	14.626	16.237
Freundlich	$^{-1}K_r$(L.g)	1.628	0.935	0.609
	n	1.419	1.26	1.168
	R^2	0.95	0.94	0.94
Temkin	$_T$B (J/mol)	26.071	25.397	24.526
	$^{-1}_{AT}$(L.g)	0.0852	0.0756	0.0861
	bt (J/mol)	92.913	102.46	111.19
	R^2	0.97	0.97	0.96
Dubinin	(q mg g^{-1})	63.225	57.57	51.357
	E (KJ/mol)	100	100	111.8
	$^{22}K_{DR}$ (mol /kJ)	5x10^{-5}	5x10^{-5}	4 x10^{-5}
	R^2	0.70	0.70	0.65

Tabela III. 3: Resumo das constantes cinéticas, parâmetros de Langmuir, Freundlich e Temkin para a adsorção de azul de metileno na presença de nanopartículas preparadas a partir de folhas de louro

Equações cinéticas	Constantes	Concentração do corante	
		20 mg/L	50 mg/L
Pseudo-primeira ordem	$^{-1}K1$ (min)	0.04	0.05
	^{-1}q(mg.g)	8.241	21.627
	R2	0.819	0.811
Pseudo-segunda ordem	K2	0.0141	0.004
	q	16.66	41.666
	h	3.937	7.692

Isotérmicas	Parâmetros	Temperatura (°C)		
		22	40	55
	^{-1}qm(mg.g)	125	111	111.11
Langmuir	$^{-1}K_L$(L. g)	0.007	0.011	0.016
	R^2	0.96	0.99	0.99
Parâmetros termodinâmica	$^{-1}$AH° (KJ mol)		-20.828	
	AS° (J mol⁻¹)		-27.544	
	$^{-1}$AG° (KJ mol)	12.202	11.706	11.293

		25	50				22	40	55
						)			
	R^2	0.996	0.993	Freundlich	$^{-1}$KF(L.g)		1.196	2.59	5.38
Elovich	$^{-1-1}$o(mg.g .min)	11.326	16.548		n		1.29	1.577	1.968
	$^{-1-1}$ᵦ (mg.g .min)	0.328	0.119		R^2		0.94	0.96	0.97
	R^2	0.903	0.881		B		20.64	20.64	20.64
Difusão intra-partícula	$^{11/2}$K(mg.g .min)	4.899	1.981	Temkin	^{1}AtL-gT)		0.58	0.55	0.498
	R^2	0.854	0.842		R^2		0.95	0.95	0.95

Tabela III.4: Resumo das constantes cinéticas, parâmetros de Langmuir, Freundlich, Temkin e Dubinin para a adsorção de azul de metileno na presença de nanopartículas preparadas a partir de fungos de malte.
nanopartículas preparadas a partir de fungos de malte.

Dados cinegéticos				Dados isotérmicos				
Equações cinética	Constantes	Concentração de corante (mg/L)		Isotérmicas	Parâmetros	Temperatura (°C)		
		25	50			22	40	55
Primeiro nome de utilizador ordem	$^{-1}$K1 (min)	0.034	0.035	Langmuir	$^{-1}$qL(mg.g)	125	111.11	111.11
	$^{-1}$qe(mg.g)	1.63	8.41		$^{-1}$KL (L. g)	0.0032	0.005	0.007
	R2	0.89	0.92		r2	0.87	0.95	0.98
Pseudo-segundo Encomendar	K2	0.066	0.004	Parâmetros termodinâmica	$^{-1}$AH° (KJ mol)		-19.07	
	qe	5.35	16.39		$^{-1}$AS° (J mol)		-16.91	
	h	4.69	1.08		$^{-1}$AG° (KJ mol)	14.08	13.78	13.52
	R^2	1	0.99		$^{-1}$KF(L.g)	2.08	1.021	1.82
Elovich	a	849187	15.42	Freundlich	N	1.16	1.34	1.52
	ᵦ	3.57	0.36		R^2	0.95	0.95	0.95
	r2	0.93	0.89	Temkin	B (j/mol)	19.23	19.65	20.55
Transmissões intra-particulado	Criança $^{11/2}$(mg.g .min)	0.57	1.94		$^{-1}$A(L.g)	0.069	0.084	0.098
					bt (j/mol)	127.54	132.43	132.7
	r2	0.61	0.82		R2	0.94	0.97	0.97
				Dubinin-Radushkevich	$^{-1}$qDR (mg.g)	38.09	45.56	51.62
					KDR ^{22}(mol /kJ) E	5x10^{-5}	4x10^{-5}	3x10^{-5}
					(KJ/mol)	100	111.8	129.1
					R2	0.61	0.73	0.73

As isotérmicas teóricas de Langmuir, Freundlich, Temkin e Dubinin foram utilizadas para compreender o mecanismo de adsorção do azul de metileno na presença das nanopartículas de óxido de cobre preparadas. Os parâmetros correspondentes foram determinados e resumidos nas Tabelas III.2-4. ^{2}Os resultados obtidos mostram que a isotérmica de Temkin se ajusta melhor aos dados de adsorção de azul de metileno com coeficientes de regressão elevados (0,94 <R) no caso de nanopartículas preparadas a partir de folhas de pergularia e fungos de malte. Isto implica que a energia de ligação do processo de adsorção diminui linearmente com o aumento da cobertura da superfície [110]. No caso das nanopartículas preparadas a partir de folhas de louro, o processo de adsorção segue o modelo de Langmuir. De acordo com a equação de Dubinin, os valores de energia livre calculados indicam que o mecanismo é químico. Os valores da constante n, determinados a partir da equação de Freundlich, situam-se entre 1 e 10, o que significa que a adsorção é favorável.

Os valores negativos de AS° indicam uma diminuição da desordem na interface da solução. Os valores positivos de AG° sugerem a não espontaneidade da reação. Os valores negativos de entalpia indicam que a interação entre as nanopartículas preparadas a partir de folhas de pergularia e o azul de metileno é exotérmica. Os valores positivos de AH° no caso das nanopartículas preparadas a partir de folhas de loureiro e cogumelos maltados comprovam um processo endotérmico. Estes resultados estão em boa concordância com os valores calculados da energia de ligação e com as quantidades adsorvidas de moléculas de corante registadas a diferentes temperaturas.

II.5. Redução catalítica do azul de metileno

Interessa-nos aqui estudar o poder catalítico da degradação do azul de metileno na presença de NaBH4 utilizando como exemplo nanopartículas preparadas a partir de folhas de pergularia. Os resultados, apresentados na Figura III.21, indicam que as nanopartículas de cobre preparadas podem ser consideradas como bons catalisadores para o tratamento do azul de metileno em meio aquoso na presença de NaBH4 como agente redutor. De facto, o rendimento catalítico é superior a 99% após apenas 2 minutos de reação nas seguintes condições: pH = 6, NaBH4 = 0,0057 mg, c0 = 10 mg/L e dose de catalisador = 0,005 g (Figura III.21a, c). Além disso, a solução é completamente descolorida após 10 minutos de reação para uma concentração de azul de metileno igual a 20 mg/L (Figura III.21b,c). $^{-1}$As constantes de velocidade, determinadas graficamente através da representação gráfica de Ln Ct/Co em função do tempo, são iguais a 0,462 e 1,157 min, respetivamente, para concentrações de azul de metileno de 10 e 20 mg/L.

A Tabela III.5 apresenta um resumo de alguns resultados de redução catalítica do azul de metileno para certos nanomateriais estudados na literatura [111-115]. Referindo-nos a estes resultados, constatamos que o nosso catalisador preparado continua a ser excelente e competitivo. Com base nas capacidades de adsorção registadas e no rendimento catalítico obtido a partir das nanopartículas de cobre sintetizadas, os resultados comprovam a eficácia da utilização destas nanopartículas de óxido de cobre, tanto no domínio da adsorção como no domínio catalítico.

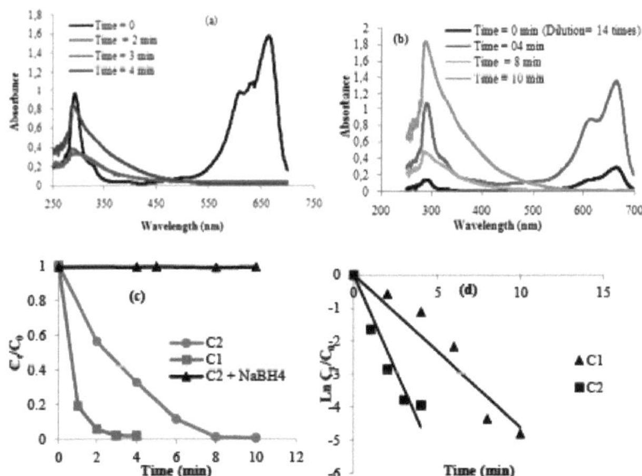

Figura III. 21: (a) Evolução da absorvância em função do tempo (C0 = 10 mg/L, pH = 6, T = 22°C), (b) (C0 = 20 mg/L, pH = 6, T = 22°C), (c) variação de Ct/C0 em função do tempo, e (d) variação de Ln Ct/C0 em função do tempo.

Quadro III.5: Comparação das capacidades de redução do azul de metileno para certos catalisadores estudados na literatura.

catalisadores estudados na literatura.

Catalisador	Quantidade de catalisador	NaBH4	Azul de metileno	Constante de velocidade, k (min^{-1})	Tempo de reação (min)	Referência
CuO preparado a partir de folhas de pergularia	0.005 g	0,0057 mg	10 mg/L	0.462	2	Este estudo
CuO preparado a partir de folhas de pergularia	0.005g	0,0057 mg	20 mg/L	1.157	8	Este estudo
Ag/rGO	10 mg	30 mg	50 mL (20 mg/L)	0.155	30	[278]
AgNPs	--	2 m L (0,2 M)	50 mL (10 mg/L)	0.137	14	[279]
MNCs Fe3O4@HA@Ag	1 mg	1 mL (100 mM)	10 mM (100 pL)	0.08	20	[280]
Ag/PSNM-3	2 mg	0,5 mL (60 mM)	2 mL (0,03 mM)	0.134	11	[281]
Ag/GERD	0,25 mg	8 mg	80 mg (0,05 mg/mL)	0.014	---	[282]

Conclusão

Em resumo, foi proposto um processo de síntese ëcologica para preparar nanopartículas mëtalllcicas usando lignina extraída de fibras de álamo, extratos biológicos de folhas de pergularia tomentosa, folhas de oleandro e fungos de malte. A síntese das nanopartículas foi confirmada por análises de IR, SEM, XRD e TEM. As capacidades máximas de adsorção de azul de metileno atingiram 93,2 mg/g, 81,2 mg/g e 64 mg/g, respetivamente, para as nanopartículas preparadas a partir de folhas de pergularia, folhas de louro e cogumelos de malte. O fenómeno de adsorção foi melhor descrito pela equação cinética de pseudo-segunda ordem, indicando um mecanismo químico. As nanopartículas preparadas a partir de folhas de pergularia apresentaram uma excelente eficiência de redução do azul de metileno na presença de NaBH4. Após um período de reação de apenas 02 minutos, a solução colorida foi completamente descolorida (pH = 6, NaBH4 = 0,0057 mg, C0 = 10 mg/L). Estes resultados interessantes provam que as nanoestruturas preparadas podem ser utilizadas numa vasta gama de aplicações.

CONCLUSÕES GERAIS E PERSPECTIVAS

89

Conclusão geral e perspectivas

O trabalho apresentado nesta acreditação tem como objetivo desenvolver a utilização e o desenvolvimento de novos materiais à base de biomassa que sejam abundantes, recicláveis e menos dispendiosos. Em paralelo com este objetivo principal, foi dada especial atenção à biomassa marinha e vëgëtal local.

Ao longo deste trabalho, centrámo-nos no estudo de procës de adsorção, um dos procëdës comummente empregues, para ë avaliar as ctipticidades de adsorção de resíduos agrícolas e marinhos brutos e também funcionalizados face a corantes têxteis.

No segundo capítulo, centrámo-nos na exploração e caraterização de novos materiais derivados de cascas de camarão, resíduos de frutos de amêndoa, fibras vegetais e resíduos de tâmaras. A funcionalização do quitosano com amino-sílica e dos outros materiais celulósicos com o polímero de quitosano ou com um copolímero quaternário compensou a baixa afinidade dos materiais celulósicos para os corantes aniónicos. Todos os materiais apresentaram desempenhos de adsorção muito competitivos para diferentes classes de corantes: catiónicos, ácidos, reactivos e directos.

No terceiro capítulo, propusemos novos corantes derivados de fungos da noz e do malte para o tingimento de materiais têxteis. Os resultados mostraram a importância dos produtos estudados em termos de composição química e de desempenho de tingimento. Foi também desenvolvida, pela primeira vez, uma via fácil e ecológica para a obtenção de materiais celulósicos impressos antimicrobianos. Os resultados da espetroscopia de IV, SEM e XRD confirmaram o sucesso do método na obtenção de uma impressão. A intensidade da cor depende da natureza do metal e da sua concentração. A resistência à lavagem e a resistência à fricção são excelentes. As actividades biológicas dos tecidos impressos com os três tipos de nanopartículas estudados mostraram a sua capacidade de reduzir o número total viável de estirpes de *Staphylococcus aureus*, *Salmonella typhi* e *Candida albicans* nas suas suspensões microbianas. Em resumo, a conceção e a síntese propostas neste estudo podem criar novos materiais para alargar as aplicações ecológicas inovadoras. Como esta técnica pode exibir múltiplas propriëtës sem usar produtos químicos auxiliares, ela poderia ser considerërëe como uma dëfi.

No capítulo final, um procësso de svntese ëcologica foi ëlë proposëe para preparar nanopartículas de óxido de cobre utilizando lignina extraída de fibras de álamo e extratos biológicos de folhas de pergularia tomentosa, folhas de oleandro e fungos de malte. A análise das nanopartículas foi confirmada por diferentes técnicas de caracte^rização: ZR, SEM, DRX, ATG/DTG e TEM. As quantidades máximas iidsorladas de azul de mëthvlëne atingiram 93,2 mg/g, 81,2 mg/g e 64 mg/g, respetivamente, para nanopartículas de óxido de cobre preparadas a partir de folhas de pergularia, folhas de louro e cogumelos de malte. As nanopartículas produzidas a partir de folhas de pergularia foram capazes de reduzir rapidamente o azul de mëthvlëne na presença de NaBH4 com rendimentos que atingiram 100% em alguns casos. Como exemplo, após um përiode reação de apenas 02 minutos, a solução de azul de mëthvlëne apresentava ëlë complemento dëcolorëe (pH = 6, NaBH4 = 0,0057 mg, co = 10 mg / L).

Em suma, temos valorizado vários biomatëriais e biomoléculas para aplicações de tingimento ëcologico e tratamento de água eontiimiadas em corantes têxteis. Verificou-se que a fauna é rica em materiais de valor acrescentado que podem ser utilizados para as necessidades humanas, como a medicina, aplicações ambientais e industriais, etc. Sendo esta ë uma das aplicações destes biomatëriais concluída com sucesso, o trabalho futuro desta habilitação permanece variado e em aberto e pretendemos dëvolver novos matëriais nanocompósitos baseados nestes biomatëriais ëtudiës. O nosso estudo poderia também ser alargado à síntese de nanopartículas metálicas com outros extractos biológicos e avaliar outras utilizações, incluindo a impressão, a reprodução de novas cores, o estudo de activos biológicos contra agentes patogénicos, o tratamento de águas contaminadas com polifenóis, metais pesados, pesticidas, etc.

Referências

Referências

1. Calero, M., I'a'nez-Rodriguez, I., P'erez, A., Martin-Lara, M.A., Bl'azquez, G., 2018. Modelização neural fuzzy da remoção de cobre da água por biossorção em colunas de leito fixo usando caroço de azeitona e casca de pinhão. Bioresour. Technol. 252, 100-109.

2. Azari, A., Noorisepehr, M., Dehghanifard, E., Karimyan, K., Hashemi, S.Y., Kalhori, E.M., Norouzi, R., Agarwal, S., Gupta, V.K., 2019. Projeto experimental, modelagem e mecanismo de biossorção de corantes catiônicos em compósito magnético de quitosana-glutaraldeído. Int. J. Biol. Macromol. 131, 633-645.

3. Qadri, R., Faiq, M.A., 2020. Poluição da água doce: efeitos na vida aquática e na saúde humana. Em: Qadri, H., Bhat, R.A., Mehmood, M.A., Dar, G.H. (Eds.), Fresh Water Pollution Dynamics and Remediation. Springer Singapore, Singapura, pp. 15-26.

4. Yin, K., Wang, Q., Lv, M., Chen, L., 2019. Estratégias de remediação de microorganismos para metais pesados. Chem. Eng. J. 360, 1553-1563.

5. Hou, T., Du, H., Yang, Z., Tian, Z., Shen, S., Shi, Y., Yang, W., Zhang, L., 2019. Floculação de diferentes tipos de contaminantes combinados de antibióticos e metais pesados por floculantes termo-responsivos com várias arquiteturas. Separar. Purif. Technol. 223, 123-132.

6. Chen, Q., Yao, Y., Li, X., Lu, J., Zhou, J., Huang, Z., 2018. Comparação de remoções de metais pesados de soluções aquosas por precipitação química e características de precipitados. J. Water Process Eng. 26, 289-300.

7. Feng, Y., Yang, S., Xia, L., Wang, Z., Suo, N., Chen, H., Long, Y., Zhou, B., Yu, Y., 2019. Acoplamento biológico de eletrocatálise de troca iônica in-situ (i-IEEBC) para degradação simultaneamente aprimorada de poluentes orgânicos e metais pesados em águas residuais de galvanoplastia. J. Hazard Mater. 364, 562-570.

8. Du, W.-N., Chen, S.-T., 2018. Oxidação foto e quimiocatalítica de corantes em água. J. Environ. Manag. 206, 507-515

9. Doggaz, A., Attour, A., Le Page Mostefa, M., Come, K., Tlili, M., Lapicque, F., 2019. Remoção de metais pesados por eletrocoagulação de águas contendo hidrogenocarbonato: casos comparados de catiões divalentes de ferro e zinco. J. Water Process Eng. 29, 100796.

10. Nemati, M., Hosseini, S.M., Shabanian, M., 2017. Nova membrana de troca catiónica de eletrodiálise preparada por ácido 2-acrilamido-2-metilpropano sulfónico; remoção de iões de metais pesados. J. Hazard Mater. 337, 90-104.

11. Hosseini, S.A., Vossoughi, M., Mahmoodi, N.M., Sadrzadeh, M., 2018. Remoção eficiente de corante de solução aquosa por membranas nanofibrosas electrospun de alto desempenho através da incorporação de nanopartículas de SiO2. J. Clean. Prod. 183, 1197-1206.

12. Kavitha, E., Sowmya, A., Prabhakar, S., Jain, P., Surya, R., Rajesh, M.P., 2019. Remoção e recuperação de metais pesados através de ultrafiltração aprimorada por tamanho usando derivados de quitosana e otimização com modelagem de superfície de resposta. Int. J. Biol. Macromol. 132, 278-288.

13. Qiu, M., He, C., 2019. Remoção eficiente de íons de metais pesados por membrana de osmose direta com uma estrutura de imidazolato zeolítico modificada por polidopamina incorporada à camada seletiva. J. Hazard Mater. 367, 339-347.

14. Wei, Y., Salih, K.A.M., Rabie, K., Elwakeel, K.Z., Zayed, Y.E., Hamza, M.F., Guibal, E., 2021. Desenvolvimento de esferas de algas-PEI fosforiladas para a sorção de Nd (III) e Mo (VI) de soluções aquosas - aplicação para recuperação de terras raras de lixiviados ácidos.

Chem. Eng. J. 412, 127399.

15. Napoli, M., Cecchi, S., Grassi, C., Baldi, A., Zanchi, C.A., Orlandini, S., 2019. Fitoextração de cobre de um solo contaminado usando culturas arvenses e vegetais. Chemosphere 219, 122-129.

16. Jacob, J.M., Karthik, C., Saratale, R.G., Kumar, S.S., Prabakar, D., Kadirvelu, K., Pugazhendhi, A., 2018. Abordagens biológicas para combater a poluição por metais pesados: um levantamento da literatura. J. Environ. Manag. 217, 56-70.

17. Fernando, I.P.S., Sanjeewa, K.K.A., Kim, S.-Y., Lee, J.-S., Jeon, Y.-J., 2018. Redução da biossorção de metais pesados (Pb2 +) no modelo de peixe-zebra usando ácido algínico purificado de Ecklonia cava e dois de seus derivados sintéticos. Int. J. Biol. Macromol. 106, 330-337.

18. Poletto, M.P., Zattera, A.J., Santana, R.M.C., 2012. Diferenças estruturais entre espécies de madeira: Evidências da composição química, espetroscopia FTIR e análise termogravimétrica. Journal of Applied Polymer Science 126, 336-343.

19. Popescu, C.M., Singurel, G., Popescu, M.C., Vasile, C., Argyropoulos, D.S., Willfor, S., 2009. Métodos de espetroscopia vibracional e de difração de raios X para estabelecer as diferenças entre madeira dura e madeira macia. Carbohydrate Polymers 77, 851-857.

20. Adel, A.M., Abd El-Wahab, Z.H., Ibrahim. A.A., Al-Shemy, M.T., 2010. Caracterização da celulose microcristalina preparada a partir de materiais lignocelulósicos. Parte I. Hidrólise catalisada por ácido. Bioresource Technology 101, 4446-4455.

21. Bessadok, A., Marais, S., Roudesli, S., Lixon, C., Mëtayer, M., 2008. Influência de modificações químicas na absorção de água e propriedades mecânicas das fibras de Agave. Composite Part A, 39, 29-45.

22. (nilcin, i., 2001. Antioxidant activity of eugenol: A structure and activity relationship study. J. Med. Food 14, 975-985.

23. Mohd, S., Luqman, J.R., Shahid, UI., Mohd, N.B., Mohd, S., Mohd A.K., Faqeer, M., 2016. Um tingimento ecológico de fios de lã por extrato de Terminalia chebula com avaliações de características cinéticas e de adsorção. Jornal de Investigação Avançada 7, 473-482

24. K. Mukunthan, S. Balaji, O sumo de maçã de caju (Anacardium occidentale L.) acelera a síntese de nanopartículas de prata, Int. J. Green Nanotechnol. 4 (2012) 71-79.

25. H.A. Abd El-Rahman, A.A. El-Badry, O.M. Mahmoud, F.A.Harraz, O efeito do extrato aquoso de Cynomorium coccineum no padrão de esperma epididimal do rato. Phytother. Res. 13 (1999) 248-250.

26. K. Tahir , S. Nazir, B. Li, A. U. Khan, H.K. Zu, P. Yu, S. Gong, S.U. Khan, A. Ahmad, extrato de folhas de oleandro de Nerium mediou a síntese de nanopartículas de ouro e sua atividade antioxidante.Mat. Lett.156 (2015) 198-201.

27. R. Subbaiya, M. Shiyamala, K. Revathi, R. Pushpalatha, M.M. Selvam, Síntese Biológica de Nanopartículas de Prata a partir de Nerium oleander e a sua Propriedade Antibacteriana e Antioxidante, Int. J. Current. Microb. App. Sci. 3 (2014) 83-87.

28. P.R. Prasad, S. Kanchi, E.B. Naidoo, Avaliação in vitro da citotoxicidade das nanopartículas de cobre em linhas celulares de cancro da próstata e da sua atividade antioxidante, de deteção e catalítica: abordagem verde de um só lote, J. Photochem. Photobiolog. B: Biolog. 161 (2016) 375-382.

29. S. Boufi, M. Abid, S. Bouattour, A.M. Ferraria, D.S. Conceigao, L.F. Vieira Ferreira, G. Corbel, P.M. Neto, P.A. Lopes, M. Rei Vilar, A.M. Botelho do Rego, Cotton functionalized

with nanostructured TiO2-Ag-AgBr layer for solar photocatalytic degradation of dyes and toxic organophosphates, Int. J. Biol. Macromol. 1 (2019) 902-910.

30. M. Jabli, E. Gamha, N. Sebeia, M. Hamdaoui, Resíduos de casca de amêndoa (Prunus dulcis): Funcionalização com [dimethy-diallyl-ammonium-chloride-diallylamin-co-polymer] e polímero de quitosana e sua investigação na adsorção de corantes, J. Mol. Liq. 240 (2017) 35-44.

31. N. Sebeia, M. Jabli, A. Ghith, Y. Elghoul, F.M Alminderej, Produção de celulose a partir de macroalgas Aegagropila Linnaei: modificação química, caraterização e aplicação para a bio-sorção de corantes catiónicos e aniónicos da água, Int. J. Biol. Macromol. 135 (2019) 152-162.

32. E. Mouxiou, I. Eleftheriadis, N. Nikolaidis, E. Tsatsaroni, Reactive dyeing of cellulosic fibers: Use of cationic surfactants and their interaction with reactive dyes. J. App. Polym. Sci. 108 (2008) 1209-1215.

33. R. Nebojsa, R. Ivanka, Cationic Modification of Cotton Fabrics and Reactive Dyeing Characteristics (Modificação Catiónica de Tecidos de Algodão e Características de Tingimento Reativo). J. Eng. Fib. Fab. 7 (2012) 113-121.

34. J.P. Ruparelia, A.K. Chatterjee, S.P. Duttagupta, S. Mukherji, Especificidade de estirpe na atividade antimicrobiana de nanopartículas de prata e cobre. Actabiomaterialia, 4 (2008) 707-716.

35. S.M. Dizaj, F. Lotfipour, M. B. Jalali, M.H. Zarrintan, K. Adibkia, Atividade antimicrobiana dos metais e nanopartículas de óxido de metal, Ciência dos Materiais e Engenharia: C, 44 (2014) 278-284.

36. S.K. Kailasa, T.J. Park, J.V. Rohit, J.R. Koduru, Atividade antimicrobiana de nanopartículas de prata. Em Nanopartículas em Farmacoterapia, William Andrew Publishing (2019) 461484.

37. Lagergren S: Zur theorie der sogenannten adsorption geloster stoffe. Kungliga Svenska Vetenskapsakademiens 1898; Handlingar 24 1-39

38. Y.S. Ho, G. Mc Kay. Process Biochemistry, 34 (1996) 451.

39. A. Ornek, M. Ozacar, I.A. §engil, Biochemical Engineering Journal, 37 (2007) 192.

40. Weber WJ, Morris JC: Cinética de adsorção em carbono a partir de solução. Journal of the Sanitary Engineering Division 1963;89:31-60.

41. S.J. Allena, G.Mckay, J.F.Porter, Adsorption isotherm models for basic dye adsorption by peat in single and binary component systems, Journal of Colloid and Interface Science, 280, 2004, 322-333.

42. M.I. Temkin, V. Pyzhev, Cinética da síntese de amoníaco em catalisador de ferro promovido, Ata Physiochim. 12 (1940) 327-356.

43. M.M. Dubinin, The potential theory of adsorption of gases and vapors for adsorbents with energetically non-uniform surface, Chem. Rev. 60 (1960) 235-266.

44. M. Rajabia, K. Mahanpoora, O. Moradib, Preparação de nanocompósitos PMMA/GO e PMMA/GO- Fe3O4 para adsorção de corante verde malaquita: Estudos cinéticos e termodinâmicos, Composites Part B 167 (2019) 544-555.

45. Qu, R., Zhang, Y., Qu W., Sun, C., Chen J., Ping Y., Chen H., & Niu,Y. (2013). Adsorção de mercúrio por materiais híbridos baseados em gel de sílica bifuncional contendo enxofre e amidoxima, Chemical Engineering Journal, 219, 51-61.

46. Wang, T., Turhan, M., Gunasekaran, S. Propriedades seleccionadas de hidrogel de quitosano-poli(álcool vinílico) biodegradável e sensível ao pH. Polymer International, 53

(2004) 911-918.

47. Chiou, M.S., & Li, H.Y, Comportamento de adsorção de corante reativo em solução aquosa em esferas de quitosano reticuladas quimicamente. Chemosphere 50 (2003)1095-1105.

48. V. Vimonses, S. Lei, B. Jin, C.W.K. Chow, C. Saint, Adsorção de vermelho congo por três caulins australianos, Appl. Clay Sci. 43 (2009) 465-472.

49. A. Gucek, S. Sener, S. Bilgen, A. Mazmanci, Adsorção e estudos cinéticos de corantes catiónicos e aniónicos em pirofilite a partir de soluções aquosas. J. Coll. Interf. Sci. 286 (2005) 53-60.

50. Y.S. Ho, G. McKay, Modelo de pseudo-segunda ordem para processos de sorção. Process Biochemistry 34 (1999) 451-465.

51. Muthukumaran, C., Sivakumar, V.M., Thirumarimurugan, M., 2016. Isotermas de adsorção e estudos cinéticos de remoção de corante violeta cristalino de solução aquosa usando nanoadsorvente magnético modificado com surfactante. J. Taiwan. Inst. Chem. Eng. 63, 354-362.

52. Aliabadi, R.S., Mahmoodi, N.O., 2018. Síntese e caraterização de polipirrol, nanopartículas de polianilina e seu nanocompósito para remoção de corantes azo; amarelo do pôr do sol e vermelho do Congo. J. Clean. Prod. 179, 235-245.

53. Y.S. Ho, G. McKay, A cinética da sorção de corantes básicos de uma solução aquosa pela turfa de musgo de esfagno, Can. J. Chem. Eng. 76 (4) (1998) 822-827.

54. H. Runping, H. Pan, C. Zhaohui, Z. Zhenhui, T. Mingsheng, Cinética e isotermas de adsorção de vermelho neutro na casca de amendoim. J. Env. Sci. 20 (2008) 1035-1041.

55. Y. Miyah,A. Lahrichi,M. Idrissi, A. Khalil, F. Zerrouq, Adsorção de corante azul de metileno de soluções aquosas em pó de cascas de noz: estudos de equilíbrio e cinéticos. Surf. Interf.11 (2018) 74-81.

56. J. Mahjoub, M.H.V. Mohamed, S.R. Mohamed, B. Aghleb, Adsorção de corantes ácidos de uma solução aquosa num material compósito de quitosano-algodão preparado por um novo processo de secagem em almofada, J. Eng. Fib. Fab. 6 (2011) 1-12.

57. A.I. Martin, M. Sanchez-Chaves, F. Arranz, Síntese, caraterização e comportamento de libertação controlada de aductos de celulose cloroacetilada e ácido naftilacético. React. Functional Polym. 39 (1999) 179-187.

58. A.M.A. Nada, Hassan, M. L, Thermal Behavior of Cellulose and Some Cellulose Derivatives, Polym. Degrad. Stab. 67 (2000) 111-115.

59. T.A. Saleh, N.M. Tuzen, A. Sari, Carvão ativado modificado com polietilenimina como novo adsorvente magnético para a remoção de urânio de uma solução aquosa, Chem. Eng. Research and Design. 117 (2017) 218 -227.

60. I.M. De Rosa, J.M. Kenny, D. Puglia, C. Santulli, F. Sarasini, Caracterização morfológica, térmica e mecânica de fibras de quiabo (Abelmoschus esculentus) como potencial reforço em compósitos poliméricos, Comp. Sc. Techn. 70 (2010) 116-122.

61. A. Bessadok, S. Marais, S. Roudesli, C. Lixon, M. Mëtayer, Influência das modificações químicas na absorção de água e nas propriedades mecânicas das fibras de Agave, Composite Part A, 39 (2008) 29-45.

62. A.M. Adel, Z.H. Abd El-Wahab, A.A. Ibrahim. M.T. Al-Shemy, Caracterização da celulose microcristalina preparada a partir de materiais lignocelulósicos. Parte I. Hidrólise catalisada por ácido, Biores. Technol. 101 (2010) 4446-4455.

63. M.P. Poletto, A.J. Zattera, R.M.C. Santana, Structural differences between wood species: Evidence from chemical composition, FTIR spectroscopy, and thermogravimetric analysis, J. App. Polym. Sci. 126 (2012) 336-343.

64. E. Abraham, B. Deepa, L.A. Pothan, M. Jacob, S. Thomas, U. Cvelbar, R. Anandjiwal, Extraction of nanocellulose fibrils from lignocellulosic fibres: A novel approach. Carbohyd. Polym. 86 (2011) 1468-1475.

65. S. Deshuai, Z. Zhongyi, W. Mengling, W. Yude, Adsorção Americana de Corantes Reativos em Carbono Ativado Desenvolvido a partir de Enteromorpha prolifera, J. Anal. Chem. 4 (2013) 17-26.

66. N.B. Douissa, S. Dridi-Dhaouadi S, M.F. Mhenni, Investigação Espectrofotométrica das Interacções entre os Corantes Catiónicos (C.I. Basic Blue 9) e Aniónicos (C.I. Acid Blue 25) na Adsorção em Celulose Extraída de Posidonia oceanic, J. Text. Sci. Eng. 6 (2016) 1-9.

67. J. Acharya, J.N. Sahu, C.R. Mohanty, B.C. Meikap, Removal of Lead(II) from Wastewater by Activated Carbon Developed from Tamarind Wood by Zinc Chloride Activation, Chem. Eng. J. 149 (2009) 249-262.

68. A. Gunay, E. Arslankaya, I Tosun, Lead removal from aqueous solution by natural and pretreated clinoptilolite: Adsorption equilibrium and kinetics. J. Hazard. Mater. 146 (2007) 362-371.

69. Y.S. Ho, G. McKay, A cinética da sorção de corantes básicos de uma solução aquosa pela turfa de musgo de esfagno, Can. J. Chem. Eng. 76 (1998), 822-827.

70. S. Richard, M. Boucher, Y. Lalatonne, S. Mëriaux, L. Motte, Superfície de nanopartículas de óxido de ferro decorada com peptídeos cRGD para imagem por ressonância magnética de tumores cerebrais, Biochimica Biophysica Ata (BBA) - Assuntos Gerais, 1861 (2017) 1515-1520.

71. R. Safar, Z. Doumandji, T. Saidou, L. Ferrari,S. Nahle, B. H.Rihn, O. Joubert, Citotoxicidade e respostas transcricionais globais induzidas por nanopartículas de óxido de zinco NM 110 em células THP-1 diferenciadas por PMA, Tox. Let308 (2019) 65-73.

72. H. Wang, H. Rao, M. Luo, X. Xue, Z. Xue, X. Lu, Estratégias colorimétricas baseadas no crescimento de nanopartículas de metais nobres: de sensores monocolorimétricos a multicolorimétricos, Revisões de Química de Coordenação, 398 (2019) 113003.

73. F. Amourizi, K. Dashtian, M. Ghaedi, nanopartículas de ouro estabilizadas com polivinilálcool-citrato suportadas pelo indicador vermelho congo como um sensor ótico para determinação colorimétrica seletiva do íon Cr (III), Polyhed176 (2020) 11478.

74. Z. Issaabadi, M. Nasrollahzadeh, S.M. Sajadi, Green synthesis of the copper nanoparticles supported on bentonite and investigation of its catalytic activity. J. Clean. Prod 142 (2017) 35843591.

75. S.D. Reddy, B. K. Mandal, Facile green synthesis of zinc oxide nanoparticles by Eucalyptus globulus and their photocatalytic and antioxidant activity, Adv. Powd. Techn 28 (2017) 785797.

76. K. Saranyaadevi, V. Subha, R.S.E. Ravindran, S. Renganathan, Síntese e caraterização de nanopartículas de cobre utilizando extrato de folhas de Capparis Zeylanica, Int. J. Chem. Tech. Res 6 (2014) 4533-4541.

77. B.H. Patel, M.Z. Channiwala, S.B. Chaudhari, A.A. Mandot, Biossíntese de nanopartículas de cobre; sua caraterização e eficácia contra bactérias patogénicas humanas, J. Env. Chem. Eng4 (2016) 2163-2169.

78. J.K.V.M., Angrasan, R. Subbaiya, Biossíntese de nanopartículas de cobre por extrato aquoso de folhas de Vitis vinifera e sua atividade antibacteriana, Int. J. Curr. Microbiol. App. Sci 3 (2014) 768774.

79. N. Nagar, V. Devra, Síntese verde e caraterização de nanopartículas de cobre utilizando folhas de Azadirachtaindica, Mat. Chem. Phys 213 (2018) 44-51.

80. N. Sebeia, M. Jabli, A. Ghith, Biological synthesis of copper nanoparticles, using Nerium oleander leaves extract: Characterization and study of their interaction with organic dyes, Inorg. Chem. Comm 105 (2019) 36-46.

81. N. Sebeia, M. Jabli, A. Ghith, T.A Saleh, Síntese ecológica de extrato de Cynomorium coccineum para produção controlada de nanopartículas de cobre para sorção de corante azul de metileno, Arab. J. Chem 13 (2020) 4263-4274.

82. M. Jabli, Y.O. Al-Ghamdi, N. Sebeia, S.G. Almalki, W. Alturaiki, J.M. Khaled, A.S. Mubarak, F.K. Algethami, Síntese verde de nanopartículas de óxido de metal coloidal usando Cynomorium coccineum: Aplicação para impressão de algodão e avaliação das atividades antimicrobianas, Química e Física de Materiais. 249 (2020) 123171.

83. E. Moroydor Derun, N. Tugrul, F. T. Senberber, A. S. Kipcak, S. Piskin. The Optimization of Copper Sulfate and Tincalconite Molar Ratios on the Hydrothermal Synthesis of Copper Borates. Academia Mundial de Ciência, Engenharia e Tecnologia Jornal Internacional de Engenharia Química e Molecular, 10, 2014, 1152-1156.

84. M. Culebras, M. Pishnamazi, G. M. Walker, M. N. Collins. Facile Tailoring of Structures for Controlled Release of Paracetamol from Sustainable Lignin Derived Platforms [Adaptação Fácil de Estruturas para Libertação Controlada de Paracetamol de Plataformas Derivadas de Lignina Sustentável]. Moléculas. 26 (2021) 1593.

85. A. Garcia, A. Toledano, M.A. Andres, J. Labidi, Estudo da capacidade antioxidante das lenhinas de Miscanthus sinensis, Process Biochem. 45 (2010) 935-940.

86. K.R. Aadil, A. Barapatre, S. Sahu, H. Jha, B.N. Tiwary, Atividade de eliminação de radicais livres e poder redutor da lenhina da madeira de Acacia nilotica, Int. J. Biol. Macromol. 67 (2014) 220-227.

87. N. Yang, W.H. Li, extrato de casca de manga mediou nova rota para a síntese de nanopartículas de prata e aplicação antibacteriana de nanopartículas de prata carregadas em tecidos não tecidos, Ind. Crop. Prod. 48 (2013) 81-88.

88. T.C. Prarthna, N. Chandrasekaran, M. Raichur, A. Mukherjee, Síntese biomimética de nanopartículas de prata por extrato aquoso de Citrus limon (limão) e previsão teórica da partícula. Colloids Surf. B: Biointerfaces. 82 (2011) 152-159.

89. D. Sasidharan, TR Namitha, SP Johnson, V. Jose, P. Mathew, Síntese de nanopartículas de óxido de prata e cobre usando extrato de frutas Myristica fragrans: aplicações antimicrobianas e catalíticas, Química e Farmácia Sustentável. 16 (2020) 100255.

90. T.B. Vidovix, H. B. Quesada, E. F. D. Januario, R. Bergamasco, A. M. S. Vieira, Síntese verde de nanopartículas de óxido de cobre usando extrato de folha de Punica granatum aplicado à remoção de azul de metileno, Materials Letters 257 (2019) 126685.

91. S. Chaudhary, D. Rohilla, A. Umar, N. Kaur, A. Shanavas, Síntese e caraterização de nanopartículas de óxido de cobre luminescentes: perfil toxicológico e aplicações de deteção, Ceramics International. 45 (2019) 15025-15035.

92. A. Nezamzadeh-Ejhieh, S. Hushmandrad. Fotodecoração solar de azul de metileno por zeólito CuO/X como catalisador heterogéneo Applied Catalysis A: General, 388 (2010) 149-159.

93. M. Ramzan, R.M. Obodo, S.Mukhtar, S.Z. Ilyas, F. Aziz, N. Thovhogi, síntese verde de nanopartículas de óxido de cobre usando extrato aquoso de Cedrus deodara para atividade antibacteriana, Materials Today: Proceedings. 36 (2020) 576 - 581.

94. A. Nezamzadeh-Ejhieh, N. Moazzeni, Fotodecolorização à luz do sol de uma mistura de Laranja de Metilo e Verde de Bromocresol por CuS incorporado num zeólito clinoptilolite como catalisador heterogéneo. J. Ind. Eng. Chem. 19 (2013) 1433-1442.

95. J. Singh, V. Kumar, K-H. Kim, M. Rawat, síntese biogênica de nanopartículas de óxido de cobre usando extrato de planta e seu prodigioso potencial para degradação fotocatalítica de corantes, Environ. Res. 177 (2019) 108569.

96. S. Banerjee, M.G. Dastidar. Utilização de resíduos de processamento de juta para o tratamento de águas residuais contaminadas com corantes e outros produtos orgânicos. Bioresour. Technol. 96 (2005) 1919-1928.

97. G. Annadurai, R.-S. Juang, D.-J. Lee, Utilização de resíduos à base de celulose para adsorção de corantes de soluções aquosas. J. Hazard. Mater. 92 (2002) 263-274.

98. R. Soury, M. Jabli,S. Latif,K. M. Alenezi,M. El Oudi,F. Abdulaziz,Sa. Teka,H. El Moll,A. Haque. Síntese e caraterização de novas esferas de gel de alginato de sódio suportadas por meso-tetraquis (2,4,6-trimetilfenil) porfirinto) zinco (II) para uma melhor adsorção do corante azul de metileno. International Journal of Biological Macromolecules. 202 (2022) 161-176.

99. Almughamisi, M.S., Khan, Z.A., Alshitari, W., Elwakeel, K.Z., 2020. Recuperação de oxianiões de crómio(VI) de uma solução aquosa utilizando adsorventes de quitosano incorporados com Cu(OH)2 e CuO. J. Polym. Environ. 28 (1), 47-60

100.Lei, S., Shi, Y., Qiu, Y., Che, L., Xue, C., 2019. Desempenho e mecanismos de biochars emergentes derivados de animais para imobilização de metais pesados. Sci. Total Environ. 646, 12811289.

101.B. Chen, C.W. Hui, G. McKay, Modelação da difusão filme-poro e otimização do tempo de contacto para a adsorção de corantes na medula, Chem. Eng. J. 84 (2) (2001) 77-94.

102.G. Skodras, I. Diamantopoulou, A. Zabaniotou, G. Stavropoulos, G.P. Sakellaropoulos, Enhanced mercury adsorption in activated carbons from biomass materials and waste tires, Fuel Process. Technol. 88 (8) (2007) 749-758.

103.A.R. Hidayu, N. Muda, Preparação e caraterização de carvão ativado impregnado de casca de palmiste e casca de coco para captura de Co2, Procedia Eng. 148 (2016) 106-113.

104.M. Zubair, M. Daud, G. McKay, F. Shehzad, M.A. Al-Harthi, Progresso recente em híbridos contendo hidróxidos duplos em camadas (ldh) como adsorventes para remediação de água, Appl. Clay Sci. 143 (2017) 279-292.

105.R. Yuvakkumar, J. Nathanael, SI Honga, extrato de casca de rambutan (Nephelium lappaceum L.) assistido por síntese biomimética de nanocristais de óxido de níquel, Mat. Let 128 (2014) 170174.

106.S. Heneidak, R.J. Grayer, G.C. Kite, M.S.J. Simmonds, Flavonoid glycosides from Egyptian species of the tribe Asclepiadeae (Apocynaceae, subfamily Asclepiadoideae), Biochem. Systemat. Ecol 34 (2006) 575-584.

107.Siham L, Saida O, Moha T, Nadia S, Hakima A (2014) análise química e atividade antioxidante das folhas de Nerium oleander. Jornal OnLine de Ciências Biológicas, 14: 1-7.

108.M. Hao-Cong, W. Shuo, L. Ying, K. Yuan-Yuan, M. Chao-Mei, constituíntes químicos e ações farmacológicas das plantas de Cynomorium, Chinese J.Nat. Med.11(2013) 321-329.

109.S. Yallappa, J. Manjanna, M.A. Sindhe, N.D. Satyanarayan, S.N. Pramod, K. Nagaraja, Síntese rápida assistida por micro-ondas e avaliação biológica de nanopartículas de cobre estáveis utilizando extrato de casca de T. arjuna, Spectrochimica Ata Part A: Mol. Biomol. Spect 110 (2013) 108115.

110.M. Yousefi, S.M. Arami, H. Takallo, M. Hosseini, M. Radfard, H. Soleimani, A.A. Mohammadi, Modificação de pedra-pomes com hcl e naoh para aumentar a sua capacidade de adsorção de fluoreto: estudos cinéticos e isotérmicos, Hum. Ecol. Risk Assess. 25 (6) (2019) 1508-1520.

111.Shirsath SR, Patil AP, Patil R, et al. Remoção de greenfrom brilhante de águas residuais usando hidrogel convencional e ultrassonicamente preparado poli (ácido acrílico) carregado com argila de caulim: um estudo comparativo. Ultrason Sonochem 2014; 20(3): 914-923.

112.Makhado E, Pandey S e Ramontja J. Síntese assistida por micro-ondas de compósito de hidrogel de óxido de grafeno reduzido à base de goma xantana-cl-poli (ácido acrílico) para adsorção de azul de metileno e violeta de metila de solução aquosa. Int J Biol Macromol 2018; 119: 255269.

113.Garg S e Garg A. Hydrogel: classificação, propriedades, preparação e características técnicas. Asian J Biomater Res2016; 2(6): 163-170.

114.Ahmed EM. Hidrogel: preparação, caraterização e aplicações: uma revisão. J Adv Res 2015; 6(2): 105-121.

115.Liang Y, Zhao X, Ma PX. Hidrogéis injetáveis responsivos ao pH com adesividade da mucosa com base no ácido quitosangrafted-dihydrocaffeic e pullulan oxidado para entrega localizada de medicamentos. J Colloid Interf Sci 2019; 536: 224-234.

116.

I want morebooks!

Buy your books fast and straightforward online - at one of world's fastest growing online book stores! Environmentally sound due to Print-on-Demand technologies.

Buy your books online at
www.morebooks.shop

Compre os seus livros mais rápido e diretamente na internet, em uma das livrarias on-line com o maior crescimento no mundo! Produção que protege o meio ambiente através das tecnologias de impressão sob demanda.

Compre os seus livros on-line em
www.morebooks.shop

Printed by Books on Demand GmbH, Norderstedt / Germany